# 黄河流域生态保护研究

张艳芳　著

东北林业大学出版社
Northeast Forestry University Press
·哈尔滨·

图书在版编目（CIP）数据

黄河流域生态保护研究 / 张艳芳著. —哈尔滨：

东北林业大学出版社，2023.5

ISBN 978-7-5674-3145-4

Ⅰ. ①黄… Ⅱ. ①张… Ⅲ. ①黄河流域 – 生态环境保

护 – 研究 Ⅳ. ①X321.22

中国国家版本馆CIP数据核字（2023）第085333号

责任编辑：许　然
封面设计：鲁　伟
出版发行：东北林业大学出版社
　　　　　　（哈尔滨市香坊区哈平六道街 6 号　邮编：150040）
印　　装：廊坊市广阳区九洲印刷厂
开　　本：787 mm × 1 092 mm　1/16
印　　张：14.75
字　　数：211千字
版　　次：2023年 5 月第 1 版
印　　次：2023年 5 月第 1 次印刷
书　　号：ISBN 978-7-5674-3145-4
定　　价：61.00元

# 前　言

　　黄河是中华民族的母亲河，黄河流域横跨青海、河南、甘肃、宁夏、内蒙古、陕西、山西、河南、山东9省（自治区）。1946年，我们党就针对黄河成立了治河委员会，开启了治黄历史的新篇章。1952年10月，毛泽东同志第一次离京巡视来到黄河岸边，在河南省兰考县，发出"要把黄河的事情办好的号召。1983年，黄河流域完成《黄河流域地表水资源水质调查评价报告》，此后黄河沿岸主要城市加强对污染源的治理和管理。2007年7月，国家环境保护总局对黄河流域部分水污染严重、环境违法问题突出地区实行"流域限批"或"区域限批"。2019年9月，习近平总书记在河南省主持召开黄河流域生态保护和高质量发展座谈会时强调，共同抓好大保护，协同推进大治理，让黄河成为造福人民的幸福河。2021年习近平总书记走遍了黄河上中下游省区，并在新年贺词中饱含深情地说，黄河安澜是中华儿女的千年期盼。黄河作为一个跨越各省的大流域，在国家的治水规划中有着突出的代表性，而黄河的生态保护实验尚处于起步期，如何找到问题并加以处理，是黄河生态系统建设、促进生态建设与高品质发展的需要。

　　本书针对黄河流域生态保护进行了研究阐释，首先介绍了黄河流域生态环境建设问题、黄河水资源利用，并对生态文明发展模式的理论进行探讨，然后详细地分析了黄河三角洲生态环境变迁、黄河三角洲生态环境问题及黄河三角洲生态环境与资源保护的对策，最后对黄河流域生态环境保护及黄河流域生态保护法治力量做出重要探究。

　　另外，作者在撰写过程中，参阅了大量的文献资料，引用了诸多专家和学者的研究成果，由于篇幅有限，不能一一列举，在此表示最诚挚的感谢。由于作者水平和时间有限，书中难免存有疏漏和不妥之处，敬请广大读者批评指正。

作　者

2023 年 2 月

# 目　　录

# 第一章　黄河流域生态环境建设问题

## 第一节　黄河流域水土保持管理问题

### 一、对水土保持的长期性、艰巨性要正确理解

多年来由于黄河流域水土保持的整体效果不明显，因而有人对其治理作用产生怀疑。其实，只要措施配套得力，一个沟系的水土保持工作经过8年小治，12年大治，一般20年足以改变山河面貌，其中主要制约因素是能否得到足够的合理投入，能否保证不再发生边治理边破坏的情况。所以有人提出，在一二十年内基本控制中游10万km来沙是完全有可能的，但这项工作是非常复杂而艰巨的。

黄土区水土保持进展迟缓，主要原因是忽略了配套治理，正如英国科学家指出的："保持土壤所以收效不大，是由于设计措施未注意社会经济因素。"黄秉维先生在小浪底水库论证会上发言中指出："并非对水保作用估计过高。我国黄土区治理，从局部来看，使径流不下山、泥沙基本得到控制绝非个别现象。"许多工程只追求数量不讲究质量，治理标准过低。在现有的3 000多万亩 * 梯田中，有相当一部分仍然是倾斜的老式梯田，并不是水平梯田，甚至坡度为25°以上的坡地还要耕作，生物、工程措施配合不好。另外，水土保持工作只顾治理，没有结合考虑人民生活的切身利益，导致

---

* 亩为非法定单位，1 亩 ≈ 666.67 m²。

边治理边破坏，两者相抵，局部地区甚至还出现新破坏面积超过治理面积的情况。

## 二、水保治理需要加强管理

（1）如同造林营林在大面积地块进行，数量、质量监督成本较高，对于经营活动成果往往效果一般，水土保持工程也是点多面广，较难正确反映活动成果，因此就有了"治理面积越大、效果越差"的说法。这种说法认为治理面积比率越大，水土流失的减少率越小，拦沙效益随面积增大而减少。对此，有学者提出分析：①治理面积统计数"水分"很大，草地和林地面积"虚头"更多；②治理质量不一致，一般偏低；据甘肃省庆阳市4个大队调查，在治理面积中，符合保水保土要求的只占7%，根本起不到保水作用的"名义治理"面积占30%，半合格的占63%；③群众性的工程标准不高，经不起暴雨冲刷；④治理面积统计方法不对，初步治理面积与经过长期治理的面积未加区分，夸大了前者的减沙作用。草地、林地、水平梯田未加区别。减沙作用一般草地小于林地，林地小于水平梯田，这样又夸大了林草的减沙作用。由于上述原因，使"减沙率"远小于"治理率"。但这些都是工作组织、管理上的问题，即治理面积越大，管理越粗放。如果采取严密的组织措施与有效的管理办法，这个问题完全可以不攻自破。

（2）关于治理标准。完全不让土壤流失也是不可能的。在特定地区，根据自然发展速率，人为地制定一个可能允许接受的侵蚀量是可以办到的。土壤侵蚀有正常侵蚀（自然侵蚀）和加速侵蚀。加速侵蚀是受人为影响的侵蚀过程。据土壤地理学家估计，在不挠动条件下，每300年可以形成25 mm的表土层，但若经过耕地挠动，土壤通气性和淋溶作用加强，这个时间可以减少到30年。耕作30年形成25 mm的表土，相当于每年每平方千米形成表土1 250 t(按体积：质量=1：1.5折算)。允许流失量还取决于土壤厚度、土壤性质等。土层厚，易成土，允许流失量可以大些，黄土高原土层厚，历来流失强度大，按不超过 2 000 t/km² 考虑，暂作治理标准，比黄土区严重流失地区。例如，甘肃省境内关川河定西镜口站 5 090 t/km²，葫芦河秦安站 8 310 t/km²，散渡河甘谷站 11 500 t/km²，马莲河庆阳站 5 000 ~ 10 000 t/km² 要低得多。随着时间的推移，治理标准可以逐步提高。

# 第二节　黄河流域河道整治防洪管理问题

目前治理黄河，重要的是在积极开展黄土高原综合治理的同时，需要加紧整治河道，加固河堤，修建滞洪蓄洪工程以及实施非工程措施。

## 一、滞洪蓄洪

在宁夏、内蒙古、山西、陕西省（自治区）有许多干涸的湖泊湿地，应结合天然湿地的恢复与人工湿地的建设和滞洪蓄洪统一起来。北金堤滞洪区位于黄河下游左岸，是黄河下游防洪体系的重要组成部分，也是黄河流域生态保护和高质量发展的重要承载区域。长期以来，受国家滞洪蓄洪区政策限制，经济社会发展缓慢，居民生活贫困，公共基础设施建设滞后，土地利用效率低下等因素影响，北金堤滞洪区已成为落实"黄河流域生态保护和高质量发展""实现巩固拓展脱贫攻坚成果同乡村振兴有效衔接"等国家战略的困难区域。

北金堤滞洪区位于黄河大堤与北金堤的夹角地带，主要涉及河南、山东两省四市八县（市、区），东西长 141 km，南北上宽 40 km、下宽 7 km，形如羊角，全区总面积347.38 万亩，其中耕地面积230.11 万亩。该滞洪区始建于1951 年，1987 年之后进入建设完善和正常管理期。黄河小浪底工程建成后，运用清水下泄调水调沙，黄河河道下切较为明显。当前，黄河小浪底水库死库容已基本用完，今后调水调沙仅能保持下游河道维持现有状况，河底高程不会无限制降低。正确运用北金堤滞洪区，不仅关系到沿黄广大人民群众的生命财产安全和黄河下游左岸华北平原 8 000 km² 防洪保护区的安危，而且还关系到社会大局的稳定。所以，保留北金堤滞洪区是现实的需要。

## （一）优化空间布局，做好建设减法和生态加法

一是单独编制区域国土空间总体规划。打破行政界域限制，单独编制融合生态规划、土地利用总体规划、村庄规划、景区详细规划的北金堤滞洪区国土空间总体规划，统筹蓄洪滞洪功能发挥和经济社会发展，系统优化全区域生产、生活、生态空间布局，科学预留后续生态产业所需用地指标，夯实生态产品供给和价值实现。

二是优化土地要素配置。按照"宜农则农、宜渔则渔、宜林则林、宜耕则耕、宜湿则湿"的原则，开展"优化农用地结构保护耕地、优化建设用地空间布局保障发展、优化镇村居住用地布局保障权益"行动，加强用地整合，通过拆旧复垦、高标准农田建设、生态修复、历史遗留工矿废弃地复垦等方式，构建节约集约用地机制，整治低效用地，增加生态空间和农业生产空间，实现耕地集约高效、建设用地减量提质增效、生态用地比例增加，获得的空间规模、新增建设用地、占补平衡等指标用于全区域公共基础设施建设和重点开发使用，土地增减挂钩收益用于生态保护、生态修复和补齐民生短板。

三是调整优化永久基本农田。根据北金堤滞洪区资源环境承载力和经济社会发展实际，充分考虑区内土地利用结构优化的现实需求，在确保全域永久基本农田保护目标任务完成的前提下，坚持永久基本农田优进劣出的原则，调整和优化滞洪区内基本农田保护任务和布局，将区内部分耕地

地力差、产出效率低、沙化情况重、破碎程度高的劣质耕地调出永久基本农田范围，调整为一般农用地，因地制宜大力发展现代农业和现代畜牧业，促进滞洪区内农业结构调整，增加区内群众收入，同时也提升了国家粮食安全保障能力。

## （二）聚焦"水""陆""空"，开展山水林田湖草系统治理

一是"水"方面。坚持防治与保护"双管齐下"，促进水环境提升。中国人均淡水资源占世界平均水平的1/4，河南人均淡水资源占全国平均水平的1/5，而濮阳市人均淡水资源河南省排名倒数第一。所以北金堤滞洪区要全面推进节水型社会建设，"以水定城、以水定地、以水定人、以水定产"，强化水资源的刚性约束，发展节水农业，禁止区内种植速生杨树。金堤河以及区内河流实行"河长制"，严格落实主体监管责任，保护水资源；对金堤河沿岸3 km范围内所有企业进行排污检查，促使其污水达标排放和循环利用；建立严密的监控体系，实行严格的环保标准，防止水源污染；对金堤河部分河段进行清淤平整，修建生态驳岸和滚水坝，修复水生态。

二是"陆"方面。以国土空间全域综合整治为抓手，推进山水林田湖草系统修复和治理，实施高标准农田建设，采取"城郊加工、集群发展"模式，推动农业种植结构调整，发展现代高效农业和农业观光旅游；加强耕地生物地力培肥，降低农药化肥使用量；对中原油田废弃工矿用地实施生态修复，加强植被抚育，恢复自然生态系统。

三是"空"方面。统筹防洪功能发挥和区内经济社会发展，推广台前县地沟新型建筑材料工厂模式，引导土地空间立体分层利用，充分开发利用地下空间，可达到不影响地面蓄水行洪、减少空气污染排放、促进土地集约节约利用的效果。开展大气环境整治，关停滞洪区内"散乱污"企业，特别是污染严重的化工类企业，减少空气污染源；开展国土绿化行动，增加森林覆盖率，改善空气质量。

### （三）建立生态补偿机制，推动防洪和经济协调发展

一是生态补偿兜底巩固脱贫成果。构建"以滞洪受益单位横向财政转移支付为主，政府财政纵向转移支付为辅，第三次分配为补充"的跨区域、多元化、稳定生态保护补偿机制，统筹生态补偿资金，用于区域生态保护修复、公益林管护、农田股权分红、生态产业发展和基本公共服务，实现"受损害、有补偿""谁保护、谁受益"，支持区内滞洪蓄水重度风险区生态环境保护与修复，建设生态保护涵养区。

二是产业帮扶有效衔接乡村振兴。建立跨地域滞洪区产业发展帮扶机制，采用产业扶持、人才培养、技术援助、飞地共建等帮扶方式，用生态和空间换发展，培养内生发展动力，实现由"输血式补偿"向"造血式帮扶"的转变。在滞洪蓄水轻度风险区，北金堤滞洪区提供土地，发达地区提供资金和项目，通过经济飞地共建、财税收入共享合作模式，拓展受益发达地区发展空间，加快北金堤滞洪区城镇化、工业化建设步伐，实现资源互补、经济协调发展和互利共赢。

### （四）推进农业产业化规模化经营，探索生态"农文旅"新模式

一是打造生态农业。结合粮食千百万工程，突出发展"特色、精致、高效"农业，建设绿色果蔬生产基地、优质林业生产基地、名优中药材生产基地、绿色养殖基地，打造具有区域特色的有机农产品生产基地，实现从园区向基地、从低端向高端、从单一业态向多业态融合迈进，形成农业生态循环链，提高资源产出率，努力实现综合效益最大化。重点围绕"稻米、莲藕、泥鳅、槽鱼"等特色农产品，打造特色农产品名片，打响"绿色"品牌，采用"公司＋基地＋协会＋农户"的经营模式，坚持"无公害—绿色—有机"的标准化种植模式，通过"互联网＋农产品"销售模式，拓展"特色农产品变优质商品"的转化渠道，增加产品附加值。

二是推进农业生产规模化经营。粮食安全是国家安全的重要基础，北

金地滞洪区也是国家重要的商品粮基地。近年来，随着越来越多青壮年劳动力向非农产业的转移，保障粮食安全面临新挑战。加快农业生产经营方式创新步伐，大力推进粮食生产的适度规模经营，推开承包土地"三权分置"，实施"土地经营权"入股融资，重点引进国内粮食种植龙头企业，发挥带动作用，科学推广粮食种植新技术，采用粮食新品种，提高粮食生产的质量、效益和竞争力。积极扶持家庭农场、农民合作社等新型农业经营主体，鼓励因地制宜探索不同的专业合作社模式。大力发展农业社会化、专业化服务，通过代耕代种、土地托管、统防统治等途径，提高小规模农户发展粮食生产的便利度和舒适度。

三是推动一二三产业融合发展。以"粮头食尾""农头工尾"为抓手，优化农业总体布局，深化农业结构调整，强化科技支撑，打造供应链，延伸产业链，提升价值链，由中原粮仓、国人厨房向世界餐桌发展方向转变。以滞洪区种植业基地、养殖业基地、林地为依托，构建加工业产业链。通过战略合作、招商引资、技改扩能，培育一批基地型、旗舰型龙头企业，推进传统农产品加工业的工业化、规模化生产，重点建设"优质粮食种植—面粉加工—食品加工及销售""养殖—分割—加工—冷链物流""林地—板材—家具—会展"和"林—浆—纸及制品"产业链，形成一二三产业融合发展新业态。

四是探索"农文旅"生态农业新模式。推广范县陈庄镇韩徐庄村和台前县吴坝镇北姜庄村"农文旅"新型生态农业新模式，鼓励村民在传统村落中以自有宅基地、果园、鱼塘等生态载体发展特色民宿、家庭采摘园等，实现从传统餐饮住宿向农业文化体验活动拓展，形成"吃采看游住购"生态新农业全产业链。

## 二、工程和非工程措施

洪水是一种自然现象，它不可能从河流的特性中完全消除，同时它又有自然出现的概率。按目前的技术和经济水平，要完全免除洪水灾害是不现实的。防洪的意义是采取一切措施，尽可能减少洪水灾害损失。根据黄河流域的特点，要按防洪与利用洪水相结合的思路重新设计水调度方案。从国内外的防洪实践看，只有采取综合的防洪措施，才能较好地发挥防洪效益，包括工程措施与非工程措施。这两种措施的配合和选择，主要取决于一个国家的政治、经济、自然和社会条件，并与当地的人口问题密切关联。

目前，国外大江大河一般是以实际发生过的最大洪水或百年一遇洪水作为防洪标准，但标准过高也是不经济的。从我国黄河防洪工程设施状况看，当务之急是提高防洪标准，一方面要积极加固堤防，进行河道整治，配合已建水库和分洪设施，充分发挥现有工程设施的防洪效益；另一方面要采取非工程措施。国外一般包括控制洪泛区的开发发展（采取对洪泛区居民加重税收的办法）；制定洪泛区土地利用规划，指定用途；实行洪水保险制度（改变洪灾损失的承担方式，使洪灾损失不是一次承受，而是分期支付。损失费用在较长时间、较大面积上，在众多的保险户中进行合理分担。对洪泛区的土地利用，也能从经济上起一定的约束作用），收买洪泛区土地；建筑物防洪（洪泛区内建筑物加固，使能经受一定深度的水）；从洪泛区迁移、洪水预报和警报等。根据国外对重大洪水灾害的研究，解决防洪这一战略问题，保留洪泛区可能是最经济的办法。

我国的防洪问题，除采取工程措施外，应当全面研究非工程的措施和政策，制定法律（如洪水保险条例），严禁围湖垦殖、毁林开荒破坏植被，要恢复现有河道的行洪能力，改善蓄洪区内群众的生活和生产。

# 第三节　水利工程的负面影响

水利工程的直接目的，在于通过一系列有效工程措施，实行排蓄兼顾，减轻洪涝灾害对国民经济建设和人民生存的危害，化水害为水利，尽最大可能保存宝贵的水资源。水分循环作为一个大系统，其中人工控制主要在于降水后进行资源的有效再分配。从系统的观点看，首先要注重扩大植被对土壤、地表的覆盖，防止降水对土壤的冲刷，抑制土壤加速侵蚀（但不能消除缓慢的土壤自然侵蚀过程），含蓄水源，孕育可利用的稳定径流，同时采取必要的蓄洪调洪工程措施。

## 一、我国黄河水利工程类型及维护模式

### （一）黄河水利工程类型

我国黄河水利工程主要有以下四种形式，分别为河道、堤防、水库和水闸。

河道工程主要是通过各个部门对水利工程的有效监管，保证水利工程能够完整顺利进行，在保证水利工程安全的前提下，发挥水利工程的效益最大化。

黄河周边洪涝灾害严重，因此需要做好堤防工程，在实际的水利工程中，要将黄河进行分段分级处理，根据不同的水文特征来进行堤防工程建设，主要包括黄河两岸各个支流地方，水利分洪区和其他地方，从而保证各个堤身的完整性。其主要可通过以下几种方式进行堤防工作，首先通过有效保护堤防工程、地上材料、通信设施及其他相关设施，对水利工程问题部分进行添补。之后需要对整个堤身进行修补，并在上面种植相关的树

木植被，及时检查水利工程相关设备，并发现问题，将工程堤顶部分的积水进行排除，以做到从根本上保护水利工程。

黄河水利工程中水库工程建设主要有以下两个，分别为故县水利枢纽工程和三门峡水利枢纽工程。故县水库最大坝高为 120 m，主坝长为 315 m，防洪量达到 12 亿 m³，属于实体型的混凝土重力坝。三门峡水利枢纽工程最大坝高 106 m，主坝长 713.2 m，防洪量达 56 亿 m³，属于混合土类型的重力坝。

黄河重要防洪体系为水闸工程，此工程主要由黄河水泄洪蓄洪工程及河道堤防整治工程组成。泄洪蓄洪工程主要包括东平湖湖区、大功分洪区等，当前水闸工程已经建成了 5 000 m/s 的石洼水利分洪闸，有效地保护了黄河水利工程的安全。

### （二）黄河水利工程管理模式

通过分级分段管理构建不同级别的管理体系是目前黄河水利工程维护管理体系的重要特点。黄河水利工程委员会在对黄河水利工程进行规划管理的同时，各相关水利部门必须要根据黄河水文的实际情况对干支流河道的治理进行规划，并对防洪进行养护管理。

当前随着我国市场经济不断发展，在黄河水利工程管理过程当中，相关部门既是黄河水利工程的管理者，又是具有养护维修的责任者。但是在实际工作中，由于缺乏完整的奖惩机制，使内部员工缺乏积极性，导致内部压力和外部竞争力都不够。

## 二、黄河水利工程施工技术存在的问题

### （一）施工排水问题

施工排水问题是黄河水利工程中存在的一个大问题，在完成围堰以后需要开展渗水排水工作。这其中主要包括基坑开挖前和基坑开挖后的排水。但是在该过程中经常由于地下水位与基坑关系处理不当，导致基坑不稳定灌入地下水，并且基坑的日常排水也不稳定。

### （二）导流截流问题

导流和截流的不规范现象，也是黄河水利工程中容易出现的技术问题。由于黄河水利工程位于地势复杂的区域，不方便工程进行，为了使工程顺利进行需要对河流进行一定的改造。但在实际改造过程中，由于事先缺乏改造计划，导致改造过程中有很大的随意性，存在的不规范现象很严重。另外，截流工作大部分都在泄洪工程设施完成之前进行，这很容易导致工程出现质量问题。

### （三）地基不牢固

黄河水利工程施工过程中，经常在地基上面出现问题。地基是水利工程的基础，如果地基不牢固，则整个水利工程易发生安全事故。其问题主要包括以下几方面：①地基在施工过程中流程混乱，施工人员的行为并不规范，有一些施工人员甚至将岩基施工技术应用到地基施工中，这增加了许多安全隐患。②由于黄河水利工程巨大，分布的地形也较为复杂，从外部因素上大大增加了施工难度。

### （四）存在水沟浪窝现象

水沟浪窝一般发生在土质堤坝工程上，是一种工程损坏的现象。其形成原因主要是工程土质差造成排水不畅，或者是雨季形成的集中排水造成水流冲走大量泥土。水沟浪窝可破坏工程面貌，降低工程的防洪能力，有很大的危害性，还会增加相关的管理费用。

### （五）施工设备落后

生产设备的发展方向在一定程度上决定着技术的发展方向，也反映着企业的发展水平。黄河水利设施刚开始时大部分资金都是由国家投入的，但随着市场经济的发展，黄河水利工程逐步由各个企业承办，国家不再继续投入资金，造成一些设备老化，不能顺应当今时代技术的发展。

## 三、施工技术存在问题的解决措施

### （一）排水问题

在黄河水利工程进行中需要对排水问题进行重点解决，要根据当地的实际情况，提前制订排水计划，提高水利水电工程的施工技术，并以此来提高施工质量。在施工中要尤其注意以下两点：①基坑要低于地下水位，避免地下水灌入影响正常施工。②在排水过程中，一定要注重排水工作的开展，目前主要是运用暗式排水和明式排水两种方法进行。

### （二）导流和截流

在黄河水利工程中，需要进一步规范导流与截流的施工过程。在进行导流时，要保证在不影响周围水资源利用的同时又可在干地上进行。目前的施工工艺截流的最后一步是围堰，这就需要在泄洪建筑中安装具有导流作用的隧洞、庭孔等工具。在截流方面，围堰工程需要在泄水建筑物竣工后才可进行，这样可使水流能够沿着泄水建筑物下泄，当前截流效果比较好的方法是平堵法和立堵法。

## （三）有效处理地基

需要采用科学合理的方法对地基进行处理，具体流程如下：①需要将地基中存在的杂物清理干净，清除杂物时要对地面和岩面进行处理，在铺设和浇筑之前保证土层与岩层是湿润的，之后采用碎石铺设第一层。②铺设第二层时须采用湿砂。③需要进行混凝土层的浇筑，高度一般为9 ~ 11 cm。

## （四）处理好水沟浪窝

为了保证堤防工程完整，防止工程老化，以下措施可以防止水沟浪窝现象的出现。①在淤区已恢复的水沟浪窝上，可选择在淤区的低洼处修复一条排水沟，保证一区排水通畅。②在已经恢复的水沟浪区，需要及时种植植被，提高堤坡的抗冲性。伴随着标准化堤防建设完工，淤区上面一般都种植植被，其后续工作也需继续完善，及时做好排水设施，并栽种草皮进行防护。

## （五）完善维修养护机制

相关人员应根据工程现状，建立适合黄河水利工程的维修养护机制，并逐步完善。在主管单位由日常小组和专项小组组成，在水管单位由局长和包队职工组成的管理约束机制。根据工程的实际情况，合理划分养护队的个数和相关人员，根据不同的人员配置，制定不同的养护标准。

## （六）加强科技创新

提高黄河水利水电施工技术的主要方法和根本方法是加大科技创新，具体包括以下几方面。①需要加大项目的研发力度，在施工的同时也不能忽略工程研发。②施工单位应当重视加强与科研机构的合作，共同开发新技术，同时也为自己的施工团队招收更多的高素质人才。③黄河水利工程的相关企业可以建立创新鼓励金，鼓励人员创新，调动人员的积极性。

## （七）培养技术人员

在黄河水利工程建设当中，要注重技术人员的培养。人是黄河水利水电工程工作的具体落实者，也是经济活动中的主体。目前我国水利水电工程建设人员相对缺乏，黄河水利工程涉及偏远地区的，其水利水电工程管理施工人员非常稀缺。相关单位应该提高水利工作人员的福利待遇，提高工作人员的积极性。黄河水利水电工程各部门之间也需要加强合作，只有多个部门相互合作，才能提高管理水平，提高黄河水利工程的施工技术。

黄河水利工程作为我国重要的水利工程之一，相关人员应及时发现施工中存在的技术问题，不断寻找解决方法，提高施工质量，为黄河水利工程的健康运行保驾护航。

# 第二章　黄河水资源利用

黄河流域以农田灌溉为代表的水资源利用，具有悠久的历史，但真正对黄河进行大规模开发和有效利用，还是在中华人民共和国成立以后。几十年来，黄河流域水利水电建设取得巨大成就，积累了宝贵的经验，闻名于世的"害河"，开始为人民造福。黄河水资源虽然不算丰富，但在我国国民经济发展中所处的地位十分重要。黄河洪水、泥沙实际上也是一种资源，我们完全可以趋利避害，变害为利。进一步开发利用黄河水资源，是今后治黄的一项重要任务。

## 第一节　黄河水资源的重要地位

### 一、西北、华北地区的重要本源

据 1919～1974 年水文系列统计，黄河干流苏园口站实测年径流量为 470 亿 m³，加上各年工农业用水量和水库调蓄水量等，经还原后，花园口站天然年径流量为 560 亿 m³。花园口以下黄河河道为"地上河"，仅有汶河等支流汇入，加水很少，天然来水量约 14 亿 m³，只占全河水量的 2.4%，所以习惯上都以花园口站的统计资料代表黄河水资源的情况。按花园口站 560 亿 m³ 水量来说，黄河的年径流量只有长江的 1/20，且小于珠江、松花江，在全国七大江河中位居第四位，占全国河川径流总量的 2.2%。在花园口站以上黄河流域内，人均占有水量约 800 m³，每亩耕地占有水量约 300 m³，分别为全国平均占有水平的 29% 和 18%。由此可见，黄河流域地表水资源并不丰富。

但是，黄河在西北、华北地区却是最大和最重要的水源，所处的地位很重要，如何使有限的黄河水资源发挥最大的综合效益，这是我国国土经济规划的一项十分重要的任务。

西北黄土高原区，属于干旱和半干旱地区，气候干燥，降雨稀少。陇中、宁蒙河套、鄂尔多斯高原等地，年平均降雨量仅 150 ~ 300 mm，年蒸发量却达 1 400 ~ 3 000 mm，是我国严重干旱带的一部分。例如，宁夏回族自治区全区地表径流仅 8.5 亿 $m^3$，居全国倒数第一。少量的降水，分配又不均匀，60% ~ 70% 集中在 7，8，9 月，且多以暴雨出现，有的一次大暴雨甚至等于全年的降水量，致使大部分降水不能被有效地利用。对作物播种和生长起决定作用的 1 ~ 6 月，降水量则不足全年的 20%，对农业生产十分不利，因此经常出现旱灾，平均十年一次大旱，几乎年年都有小旱。在这里植树的成活率很低，即使成活，生长也很缓慢，大都长成"小老头"树，经济价值不大。甘肃省中部皋兰、白银、靖远一带的干旱草原，平均 15 ~ 30 亩草地才能养活一只羊。一遇干旱，连人畜用水都十分困难。中华人民共和国成立前，这里的人民生活极端困苦，在中华人民共和国成立后的很长一段时间内，仍靠国家连年发放救济款、救济粮过日子。

由于河流的切割作用，黄土高原地区形成水低田高的形势，兰州以下两岸台塬高出黄河水面 400 ~ 500 m。许多地区地下水埋深都在 200 ~ 300 m，出水量很小，一遇干旱，井水也大都枯竭。

西北黄土高原地区矿产资源丰富，煤、铁、铅、铝、铜，以及稀土资源等储量都很大。随着矿产资源的开发，能源基地和若干新兴城镇的建立，工业和城市供水量迅速增长。例如，准格尔、东胜、神府等大型煤炭基地的开发，都迫切需要提供可靠的水源。总之，黄土高原地区土层厚、土质肥、光热充足、资源丰富，发展生产的基本条件很好，其关键问题就是干旱少雨，当地缺少水源。因此水资源的问题已成为这一地区经济发展的严重制约条件。我们甚至可以这样说,这里没有水源就没有农业,就没有工业和城镇的大发展,更谈不上经济腾飞了。因此,我认为要解决西北黄土高原地区严重干旱缺水问题,在充分利用当地水源的基础上,引用黄河水是必不可少的。

奔流不息的黄河,蜿蜒曲折,流经上中游干旱高原,从兰州以上带来了 300 多亿 m³ 含沙量很少像清水。自古以来,生活在这里的劳动人民就引用黄河水,灌溉土地,发展生产,繁荣经济。宁蒙河套地区年平均降水量仅 200 mm 左右,是我国最干旱的地区之一,但是,据历史记载,从汉代开始就在这里发展引黄灌溉,渠水所到之处,使荒漠沼泽皆成良田。中华人民共和国成立后,黄河水资源得到进一步开发利用,如甘肃省中部严重干旱的 16 个县,由于积极发展高扬程抽引黄河水灌溉干旱高原,促进了社会经济的全面发展,许多灌区已变成林茂粮丰、繁荣兴旺的社会主义新农村。在大河两岸,依托黄河提供水源.中华人民共和国成立后已建立白银、石嘴山、乌达、海勃湾、包头等一批新兴的城市和众多的工矿企业,它们在改变本地区面貌和经济中发挥着重要作用,黄河为西北严重干旱地区经济发展做出重要的贡献。当然,要完全满足本地区迅速增长的工、农、林、牧业用水要求,黄河现有的水量是不够的,因此还要从长江上游调水。

西北黄土高原地区是中华民族的摇篮、革命的老根据地,从国家经济发展战略来说,建设的重点也正逐步向这一地区转移,同时也是我国从沿海地带向大西北发展的具有重要作用的过渡地带。因此在全流域统筹规划下,要使目前有限的黄河水资源在这一地区发挥最大的综合效益,积极为国家经济发展的战略转移做贡献。将来从长江上游引水到黄河上游的西线南水北调方案实现后,将为开发大西北发挥更大作用。

黄河不仅是西北地区的重要水源,而且也是我国华北地区重要的补给水源。黄河下游河道是"地上河",它如同一条输水总干渠,高踞于黄淮海大平原的脊部，可以向北岸的海河流域和南岸的淮河流域自流供水和补给地下水。

众所周知，海河流域是我国严重缺水地区之一。每年平均降水量 400～600 mm，全流域地表水资源仅 294 亿 m³，只占全国地表水资源总量的 1.1%，而流域内耕地面积却占全国耕地总面积的 11%。流域内人均占有地表水不足 300 m³，相当于全国人均占有量的 1/9。降水的年内和年际分配又不均匀，一年之内，70%～80% 的雨量集中在 7，8 月，多雨年和少雨年的降水量可以相差数倍甚至十倍，这种变化很大的天然降水过程使农作物生长极不适应。据河南省新乡地区人民胜利渠灌区多年监测，农作物对降水的有效利用，仅能满足需水量的 27%～37%。加之流域内许多河流源短流少，雨季一过即成干河，平原地区也无法把降水径流全部拦蓄起来。因此经常发生旱灾，特别是 20 世纪 70 年代以来，长期连续干旱，不仅农业生产受到严重威胁，北京、天津等城市也闹起了水荒。由于地表水资源严重缺乏，从 20 世纪 70 年代初期开始就大量开采地下水，目前华北平原浅层地下水开采量已占地下水补给量的 90%，许多地区出现过量开采，井水位迅速下降，形成大面积地下水下降漏斗，地面下沉。华北平原地表水和地下水进一步开发利用的潜力已经不大。

随着经济建设的发展和城市人口的增加，工业和城市供水的需求量却迅速增长，京津地区特别是天津市出现过供水危机，1972，1973，1975，1981，1982 年先后五次引黄济津，共调水 19.1 亿 m³，缓解了天津市用水的燃眉之急。1983 年引滦入津工程建成后，天津市缺水问题有所缓和，在保证率 75% 的情况下，可供水约 10 亿 m³，但是缺水问题并未从根本上解决，保证率仍然偏低。据历史资料分析，滦河与海河存在同丰同枯的不利情况，即海河如遇到枯水年，滦河水量一般也相对较枯，供水的可靠性较低。当保证率为 95% 时，滦河潘家口水库的调节水量仅 9.5 亿 m³，天津市可分配的水量更少。因此仍需引黄河水或长江水以补充水源，其中以引黄河水最为现实可行。

华北平原仅靠天然降水和浅层地下水是远远不能满足工农业用水和城市供水迅速增长要求的。水源缺乏，已成为制约本地区经济发展的一个重要因素。从长江调水的东线南水北调可行性报告的通过，第一期工程先由长江抽引 100 m³/s 水过黄河，天津市和输水干渠沿线地区水源可以得到补充。但是，我认为随着生产的发展和人民生活水平的提高，从黄河引水仍然是不可缺少的补充水源。中华人民共和国成立后，在黄河北岸先后修建了近 40 座引黄涵闸，开挖了众多的渠道，从 20 世纪 50 年代开始就引黄河水灌溉海河流域南部沿黄地区，特别是已经有了多次从人民胜利渠及位山、潘庄等引黄涵闸引黄济津的成功经验。因此，不论在东线南水北调工程建成前还是建成后，如遇旱情严重，一旦需要黄河供水都可以开闸引水，接济天津和河北省部分城市。如果北京缺水，还可以通过卫运河、通惠河（需整修）提水约 50 m，送水到首都。从黄河引水，不仅当前可以收效，远期亦可与东线南水北调工程密切配合，互为补充，而且引水成本比从长江调水低得多，经济上合算。

黄河是否有水可调？不仅有水，而且还是比较可靠的。因为黄河源远流长，据较长时期的历史资料分析，黄河水量丰节与海河并不同步，就是说海河枯水年，黄河一般不是枯水年，水源比较有保证；如 20 世纪 80 年代以来，华北地区连年干旱，而黄河水量却偏丰，1981 ~ 1985 年花园口站平均每年实测径流量 508 亿 m³，每年入海水量达 395 亿 m³。就目前来说，在工农业用水及城市供水迅速增长和缺乏足够水库调节径流的情况下，黄河下游两岸每年引黄水量已达 100 亿 m³，每年仍有约 300 亿 m³ 的水量入海。其中，11 月至翌年 6 月的非汛期，平均入海水量达 120 亿 m³，每年冬季（11 月至翌年 2 月）花园口站平均来水量 60 亿 ~ 70 亿 m³。现在龙羊峡水库已经下闸蓄水，今后冬季来水会更加稳定，甚至还有所增加。小浪底水库建成后，黄河水资源得到进一步调节，加之冬季正值黄河下游用水的淡季，引水不会发生矛盾，因此每年冬春季节向华北平原特别是京津地区稳定输送一定量的黄河水是完全可能的。

向北调水的泥沙问题也是可以妥善处理的。据测定，每年11月至翌年2月，黄河水平均含沙量不到10 kg/m³。目前调水初步按10亿m³计算，每年引沙量不到1 000万t，折合600多万m³。黄河北岸有许多洼地和盐碱沙荒可供沉沙。通过长期沉沙，还可将这一片沙荒地改造成良田，变害为利，一举两得。况且，小浪底水库建成后的一二十年，黄河大部分泥沙淤在库内，下游含沙量显著减少，沉沙任务亦随之大大减轻。此后进入蓄清排浑运用期，含沙量不会超过10 kg/m³。中华人民共和国成立几十年来，通过下游引黄灌溉的长期实践，我们对处理和利用泥沙已积累了丰富的经验，完全有办法解决引水的泥沙问题。

前些年引黄济津工程，平均每立方米水的成本曾高达一元多钱，有人怀疑引黄是否合算，我认为这是明显的误解。因为前些年引黄济津都是临时紧急供水，事先没有做好各方面的准备，要在较短时间内完成挖通河道、集中清淤等项工作，工程量很大，花钱较多。引黄纳入正常供水轨道，事先有统一规划，长远安排，特别是沉沙结合淤地改土，加固堤防，变害为利，搞好计划用水，实行科学管理，向华北平原调水的成本定会大大降低，这是毋庸置疑的。

黄河南岸的淮河流域水资源也不算丰富，年均径流量454亿m³，平均每人占有水量和每亩耕田占有水量均不到全国平均占有水平的1/5。以降水比较多的淮北平原为例，中华人民共和国成立30年时平均每年因干旱累计成灾面积达365万亩。流域内河南、山东两省黄河南岸地区干旱严重，主要依靠引黄灌溉。地下水比较丰富的河南商丘地区，地下水资源只能满足灌溉用水的70%，仍需引黄补水。每年淮河流域引黄水量30多亿m³，1978年淮河流域大旱，引黄水量达50亿m³。

据统计，一般干旱年份，黄河下游两岸引黄水量达100亿m³，约占黄淮海平原地区总引用水量的 14.5%，可见黄河水已成为该地区干旱年份重要的灌溉补给水源。

随着国民经济的发展，工业和城市供水任务越来越重，20 世纪 80 年代郑州、开封、济南、东营等沿黄大中城市和中原、胜利油田等许多重要工矿企业均依靠黄河为主要水源，其中被称为我国第二个"大庆"的胜利油田的油层压力注水和新兴石油城东营市的城市用水，全部依靠黄河供水，引黄济青工程已经开工修建，青岛市供水的紧张状况将得到基本解决。

黄河水资源虽然不丰富，但只要统筹安排，上中下游用水的矛盾是可以解决的。上中游是水低田高，下游是水高田低，在下游发展灌溉、供水，要比上中游容易得多，见效也快。国家的经济发展战略是由东向西发展的，估计上中游用水增加的速度不会很快，所以水资源的分配要符合国家经济发展这个总安排。

综上所述，黄河是我国西北、华北地区的重要水源，黄河水资源已由过去主要为农业生产服务，转变成为整个社会经济发展和人民生活服务，在我国国土经济规划中处于十分重要的地位。

关于黄河水资源的评价和开发利用，我国学者已做了大量工作，取得了许多有价值的成果，为政府部门进行宏观决策提供了科学依据。

黄河究竟有多少水可以利用？现在已经用了多少水？预估将来用水会增加到多少？供需如何平衡？等等，这些都是非常复杂的工作，有些很难弄清，或做出比较准确的估算。例如，黄河上游已经发展了几千万亩灌溉面积，按理说应该用掉很多水，但实际上上游水量并未见有多大减少。根据水量平衡计算，流到最下游山东省的水是很少的，灌溉面积不能再增加了，可是这几年山东引黄灌溉每年仍抗旱浇地 2 000 多万亩，保证了粮、棉连年丰收。

从长期看，随着经济的发展，黄河水量应该是减少的趋势，黄河水肯定不够用。但是，并不等于说，上游用去一方水，下游就得减少一方水，事实上这不是简单的加减法，其中间关系十分复杂。如回归水究竟是多少？这个问题一时就很难说清楚。黄河水资源的开发利用潜力还很大，关键是缺乏调节能力。例如，1981～1985年花园口站实测年平均水量达508亿 m³，较常年偏大6%，除河南、山东两省用水以外，平均每年用水量水量仍有395亿 m³。而来沙量却偏少，平均每年仅8.13亿 t，是比较理想的情况。如果花园口站以上有水库每年能存100～200亿 m³的水，那么向京津地区和华北平原供水就好办得多。由此可见，黄河现有水量只要经过比较充分的调节，肯定还会发挥更大的综合效益。

## 二、居全国第二位的水电资源

根据1978年全国统一普查和重新核算的资料，黄河流域可能开发的水电装机容量为2 800万 kW（按大于500 kW水电站统计），年发电量1 170亿 kW·h，占全国可开发电量的6.1%。在全国七大江河中仅次于长江，居第二位，约占青海、甘肃、宁夏、内蒙古、山西、陕西、河南、山东、河北九省（自治区）可开发水电资源的2/3。因此，黄河流域水电资源在全国能源构成中占有重要地位，是黄河除害兴利的一大优势。

黄河流域水电资源分配比较集中，可以兴建大于10 000 kW的水电站共100座，其中42座集中于黄河干流上，可开发装机容量2 514万 kW，年发电量1 037亿 kW·h，约占全流域可开发水电资源的89%。其余48座分布在主要支流上，可开发装机容量214万 kW，年发电量100亿 kW·h，这些水电站多位于灌溉任务较小的洮河、大通河、沁河、伊洛河的上中游。

黄河干流水电资源主要集中在玛曲至龙羊峡、龙羊峡至青铜峡、河口镇至龙门和潼关至桃花峪四个河段。其中以龙羊峡至青铜峡最为集中，规划修建15座水电站，可装机1 200多万 kW，年发电量约500亿 kW·h，占黄河干流可开发水电资源的48%左右，被称为我国水电资源的"富矿"。

能源的开发利用，是实现我国社会主义现代化建设和 2000 年工、农业总产值翻两番的重要前提条件。中华人民共和国成立以后，我国水电建设取得巨大成就，到 1985 年底，全国水电装机容量已达 2 641.5 万 kW，年发电量 923.8 亿 kW·h，与 1949 年相比，分别增长了 164 倍和 131 倍。水电装机容量和年发电量，已从中华人民共和国成立初期分别占世界的第 25 位和第 23 位，提高到第 8 位和第 7 位，潜力还很大。1982 年 12 月国务院主要领导同志在第五届人大四次会议上作的政府工作报告中明确指出："电的生产和建设等，因地制宜地发展火电和水电，逐步把重点放在水电上。"水电是一种再生能源；又不消耗燃料，不污染环境，有很多优点，因此今后应该采取切实有效的措施，加快水电的开发。

开发黄河水电，对于西北、华北地区"四化"（工业现代化、农业现代化、国防现代化、科学技术现代化）建设的发展具有重要意义，根据全国经济开拓重点逐步西移的战略安排，要开发大西北，电力必须先行。青海、甘肃等省煤炭资源不丰富，以甘肃为例，目前全省约 1/4 的煤炭用于火力发电，这个比例已大于全国火力发电用煤的平均数，其中几乎一半是从外省调进的煤，因此发展火电的条件不理想。但是，黄河上游水电资源蕴藏量却很大，青铜峡以上黄河干流可开发水电装机容量 1 860 多万 kW，年发电量 770 多亿 kW·h，占黄河干流水电资源总量的 74.4%，其中青海省境内黄河干流河段可开发装机容量达 1 300 多万 kW，占青海全省水电资源的 63%。因此解决开发大西北的能源问题，首先应该大力开发可再生的廉价干净的黄河水电资源。黄河上游地区有色金属（如铅、铝、铜等）藏量丰富，要发展这些耗电大的有色金属工业，将有赖于大量开发黄河廉价的水电资源。黄土高原地区水低田高，气候干旱，发展农业，改变面貌，也需要大量开发黄河水电资源，以提供足够廉价的电能来发展高扬程提水灌溉。

华北地区煤炭资源丰富，发展火电的条件较好，但也迫切需要增加水电比重，以担任调峰、调频和事故备用任务。黄河中游河段地理位置临近华北，华北地区绝大部分水电资源分布在黄河流域，其中河口镇至桃花峪干流河段可开发装机容量就达 630 万 kW，因此加速开发黄河水电资源，有利于就近解决华北电网水电比重很小的矛盾。根据我国水电资源分布西多东少的特点，还可以将黄河上游丰富的水电送至华北地区，实现西电东送，使西北地区和华北地区的电网相连，水火电调剂，进一步提高电网的经济效益和供电质量。

黄河干流已建水电站和在建的龙羊峡水电站建成后，装机容量 370 万 kW，占干流可开发水电装机容量的 15%，还有大量水电资源等待开发利用，加速建设黄河上游水电基地和开发黄河中游水电资源，是我国能源建设的一项迫切任务。

## 第二节　黄河流域灌溉的发展

### 一、悠久的农田灌溉史

黄河流域的农田灌溉事业起源很早，春秋战国时期以前已有一定规模，但还处于较低水平。到了春秋战国时期，流域内开始出现大型农田灌溉工程。魏文侯二十五年（公元前 442 年），西门豹为邺令（邺，今河北省磁县、临漳一带），在当时的黄河支流漳河上"发民凿十二渠，引河水灌农田，田皆溉"，使邺地"成为青腴，则亩收一钟"，农业产量大大提高。从此以后，邺地成为富庶地区，对魏国的经济发展起了重要作用。

自创修引漳十二渠以后，黄河流域灌溉事业蓬勃发展。秦始皇元年（公元前 246 年），秦国采纳了韩国水工郑国的建议，凿泾水修建郑国渠，灌溉渭河北岸、洛河以西土地，使昔日"泽卤之地"皆为沃壤，"于是关中为沃野，无凶年，秦以富强，卒并诸侯"。对于后来秦朝统一中国发挥了重要作用。

到了汉代，黄河上中游的灌溉事业已有了相当规模。从现在内蒙古自治区五原县沿黄河上溯到湟水流域，是两汉政权北部和西北部的边防线，进行了大规模的移民实边，修筑城防，屯军戍守。开始时，边防士卒所需的给养都从内地长途输送，耗费很大。为了减轻对内地的压力，后来决定采用就地开发的办法，开渠引黄河水，大力从事垦种。自汉武帝建朔方郡后，从甘肃中部到内蒙古五原，沿黄河广泛建起农田灌溉工程。据传说，宁夏境内的秦渠、汉渠、汉延渠、唐徕渠等均为西汉时期所开，后经历代整修发展，原来的沙荒变成了连片的绿洲，兴灌溉之利，无旱涝之虞，宜麦宜稻，年种年收，边陲要塞面貌大为改观，赢得了"天下黄河富宁夏"和"塞上江南"的盛誉，成为我国历史上著名的"河套经济区"。

陕西省关中地区地处黄河中游，气候温和，土壤肥沃，适宜于农业生产。秦汉时期，十分重视农田水利事业，出现了"用事者争言水利"的局面。以泾、渭河为中心，在距离京都长安不太远的范围内，修建了长安漕渠，兼灌渠下农田；继北洛河龙首渠之后，在郑国渠以南又修建了引泾河水的白渠；在渭河上建有成国渠、灵轵渠、汧渠及蒙茏渠等。从曹魏至隋唐时期，关中水利事业得到进一步发展。

汾河流域灌溉历史亦很久远。春秋时期智伯开渠灌晋阳；汉武帝首创了引黄导汾的宏业。后来李渊、李世民父子在太原起兵反隋建立唐朝后，太原被称为北都，从此汾河流域农田水利事业有了更大的发展。贞观中期，"长史李勤架汾引晋水入东城"，即建跨汾河的渡槽，修晋渠向太原东城供水。特别是唐德宗时期（公元 780 ~ 805 年），凿汾河引水，建成一处大阳灌溉工程，大大促进了汾河流域农业生产的发展。唐朝所需漕粮除主要仰赖江淮之外，也常漕汾晋之粟，原因就在这里。

沁河下游广利渠也是我国的古老灌区之一。据传说早在秦代就在今河南省济源五龙口筑有杨口堰引沁河水灌溉右岸的大片农田。引水口选择在河道坚固的凹岸稍偏下游的位置，符合弯道环流原理，比较稳定，至今无大变化。

农田灌溉事业的兴盛，促进了生产的发展和社会经济的繁荣，为使黄河流域成为我国开发最早的经济区，发挥了重要作用。

## 二、古老灌区换新颜

黄河流域灌溉历史悠久，但在漫长的封建社会里，随着历代王朝的兴衰和家的治乱，灌溉事业也时兴时废。到 20 世纪 40 年代末，全流域灌溉面积仅有 1 200 万亩左右，而且设施简陋，工程不配套，盐碱化严重。中华人民共和国成立以后，在党和政府的领导下，对古老灌区进行了整修和改造，修建了灌溉枢纽工程，经过各族人民的艰苦奋斗，使古老灌区获得了新生。

宁蒙河套引黄灌区，在 20 世纪 50 年代前由于是无坝引水，不能进行控制和调节，因此枯水时引水很少，甚至断流，而洪水时又只能让大水漫灌。因渠道失修，渠系紊乱，有灌无排，以致灌区内到处积水成湖，星罗棋布，仅宁夏境内较大的积水湖泊就有数十个，被称为"七十二连湖"，使大片肥沃的耕地变成沼泽和盐碱荒滩。加之风沙侵袭，灌区日益缩小，著名的"塞上江南"逐渐衰败，到中华人民共和国成立前夕，宁夏引黄灌溉面积仅剩下 100 多万亩，黄河"一套"之利也变得微乎其微了。

中华人民共和国成立以后，对宁蒙古老灌区进存了整修、配套和扩建，特别加强了排水系统的建设，其中宁夏回族自治区引黄灌区共建成自流排水干沟 32 条，总长 789 km，修建电力排水站 171 座，排水机井 4 500 余眼，全灌区形成比较完备的排水系统，排除了"七十二连湖"的洼地积水，改造成阡陌相连的高产稳产田。青铜峡、三盛公 2 座水利枢纽建成后，结束了我国无坝引水的历史，使灌溉引水有了保证。刘家峡水库建成后，每年为宁蒙灌区调蓄 8 亿多 m³ 的水量，大大提高了灌溉用水保证率。灌溉面积已由中华人民共和国成立前的 500 万亩，增加到 1 200 多万亩。1983 年宁夏引黄灌区粮食总产量达 11 亿 kg，比 1949 年增加 6 倍多，其中青铜峡水稻平均亩产达 619 kg。内蒙古自治区河套灌区的粮食产量，从中华人民共和国成立初期的 1.4 亿 kg，增加到 1982 年的 6 亿 kg，其中巴彦淖尔市1983 年农业总产值较 1978 年翻了一番。宁蒙灌区粮食商品率已达 20%，成为我国重要的商品粮基地之一。

古老的汾河灌区到中华人民共和国成立前夕只剩下几处泉水灌区。中华人民共和国成立后修写了太原一坝、清徐二坝和水文三坝等 5 万亩以上灌区 20 余处，修建了汾河水库、文峪河水库等大中型水库十几座。使水源得以有效地调节，灌溉事业迅速发展，目前汾河盆地灌溉面积已发展到700 多万亩，成为山西省的商品粮基地。

在陕西省关中平原，历史上曾经有许多古老灌渠，发挥过很大的灌溉效益。到中华人民共和国成立前夕，实际只有泾惠渠、渭惠渠二渠生效，其中最大的泾惠渠也只能灌溉 50 万亩。中华人民共和国成立后对泾惠渠的渠首和渠系进行了改造和扩建，又在灌区打井 1 400 多眼，实行井渠双灌，科学管理，使灌溉面积扩大到 135 万亩，灌溉水利用系数提高到 0.6。从 1979 年开始，灌区粮食平均亩产就突破千斤关，近几年每年为国家提供商品粮 1.35 亿 kg，占全省商品粮的 10% 以上，成为全国的先进灌区之一。为了进一步扩大灌溉面积，又先后新建了宝鸡峡引渭和东方红抽灌等大型灌区，引水上了渭北旱原，使关中地区灌溉面积发展到 1 300 多万亩。如今八百里秦川已基本实现了水利化，农、林、牧、副业全面发展，呈现一派欣欣向荣的景象。

古老灌区位于黄河中上游，经过长期实践，认为老灌区的主要任务是巩固、提高，充分发挥现有工程效益的问题，而不是进一步扩大灌溉面积。根据国家经济发展总的战略部署，有限的黄河水要统筹规划，兼顾到上中下游的需要，使之最大限度地发挥综合效益。

## 三、下游引黄灌溉效益大

　　黄河下游由于洪水威胁严重，历史上很少有人敢在黄河大堤上开闸引水灌溉。中华人民共和国成立前虽然曾在济南、开封、郑州等地修过几处引黄虹吸，没有发挥多大效益就废弃了。中华人民共和国成立后，我国于1950年在河南省新乡地区开始修建第一座引黄灌溉济卫工程——人民胜利渠。这是当时平原省政府晁哲甫主席给这个工程起的名字。1952年胜利建成，在黄河下游开创了除害兴利的先例。黄河下游已修建引黄涵闸72座，虹吸55处，扬水壶68座，遍及沿黄河的各个县、市，引黄灌溉和抗旱浇地面积达2 000多万亩，70多个县、市用上了黄河水，已成为我国最大的自流灌区之一。

　　黄河下游引黄灌溉事业的发展，经历了曲折的道路，积累了丰富的经验，但也受到了深刻的教训。1958年以前，是试办与慎重发展阶段。1952年4月，人民胜利渠建成放水，当年就灌溉36万亩，1953年遇到严重干旱，由于保证了适时灌溉，粮棉产量仍大大超过灌溉前的最好年景，引黄灌溉第一次显示了增产的效益，开始改变人们对害河的看法，增强了"变害河为利河"的信心。此后相继修建了山东打渔张、河南花园口、黑岗口等引黄灌区。坚持按科学办事，均收到很好的效果，成为典型示范灌区。

　　1958～1961年，盲目号召"大引、大灌、大蓄"，要求"一块地对一块天"，在短短一两年内，黄河下游建起百万亩以上的大型灌区10处，设计引水流量3 500 m³/s，设计灌溉面积7 000多万亩。在灌区内建平原水库31座，蓄水能力32.5亿 m³。还随意堵截排水河道，大引大灌，有灌无排，年引水量高达160多亿 m³，引进泥沙超过6亿 t，许多大型灌区每年引水长达300天以上，结果地下水位急剧上升，造成大面积次生盐碱，盐碱地面积增加 1 200 多万亩，灌区粮食产量显著下降，使沿黄地区农业生产的发展遭到严重挫折。

到引黄灌溉引起的严重盐碱化问题，并不是引黄灌溉本身造成的，究其根本原因是没有按照科学办事、盲目蛮干。决定全力以赴转向除涝治碱是完全正确的。

黄河下游两岸平原的降雨和地下水源均满足不了作物生长的需要，随着农业生产的发展，干旱的矛盾又突出起来。因此从 1965 年以后，在认真总结经验教训的基础上，黄河下游又逐步恢复了引黄灌溉，并在积极慎重、加强管理的方针指导下，得到了稳步发展。20 世纪 70 年代以后，黄河下游几乎连年干旱，黄河成为沿黄地区唯一可靠的水源，平均每年引水近 100 亿 m³，灌溉和抗旱浇地面积 2 000 多万亩，在大旱之年仍能获得粮棉丰收，为改变沿黄地区贫穷落后的面貌发挥了重要作用。1983 年全国有 6 个地区（市、盟）农业总产值比 1978 年翻了一番，其中，有位于黄河下游引黄灌区的山东省聊城和德州两个地区。聊城一年交售商品 3 500 多万担，比 1978 年增长 6 倍多，人均收入增加 5 倍多。人民胜利渠灌区自 1952 年开灌以来，经过 30 多年实践，创造了井渠结合、灌排配套、计划用水、利用泥沙等一整套宝贵经验，建成了 50 多万亩稳产高产农田。从 1978 年开始，粮、棉平均亩产已分别超过千斤和百斤，30 年粮棉增产总值达 4.4 亿元，为灌区总投资的 18 倍。灌区内的刘庄，从 1983 年开始，实现每年每人平均收入超过千元，3 年翻了一番。

1984 年春天，对山东聊城、菏泽沿黄地区进行调查研究，发现黄河两岸发生巨大变化。中华人民共和国成立初期，黄河两岸还是沙碱遍地，每到春天，天空风沙弥漫，地上白花花的一片（指盐碱斑）。30 多年后的今天，昔日的景象不见了，展现在眼前的是一块块绿油油的麦田和一排排新瓦房。中华人民共和国成立前，一到春天，连黑窝窝头都吃不上。历史上多灾低产的黄河两岸，如今已成为河南、山东两省粮、棉、油的生产基地，开始呈现一派繁荣兴旺的景象。

实践表明,要尽快改变下游沿黄地区贫穷落后的面貌,除了靠落实党的各项政策和实行科学种田以外,搞好引黄灌溉是一条重要的基本措施。但我认为黄河下游引黄灌溉与黄河中上游的引黄灌溉在指导方针上应有所区别。因为下游两岸毕竟还有五六百毫米的降雨量,所以下游引黄灌溉应该是"补水"的方针。也就是说主要是抗旱浇地,天不旱就不引或少引。因此不要过分强调灌区要"四级"配套(干、支、斗、农渠四级配套)。一是投资太多。一亩地平均按 100 元计算,2 000 万亩就要花 20 亿元,国家和群众很难筹集到这么一大笔资金。我们喊了二三十年灌区工程配套,现在真正按"四级"配套的大概只有 300 多万亩,问题就是投资不落实,一时办不到。二是群众等不及。如果我们坚持等到配套搞好了再引黄灌溉,那么黄河下游两岸的经济发展就跟不上"四化"建设的步伐,群众不愿意,也不现实,所以我们不能坐等。山东按"四级"配套的面积仅 100 多万亩,可是这几年每年抗旱浇地面积都能达到 2 000 多万亩,就是最好的说明。另外还要搞好节约用水,实行科学引黄,把引黄灌溉和泥沙的利用进一步结合起来,多把泥沙引到田间,减轻渠道淤积的压力,为改变沿黄地区的面貌做出更大贡献。

## 四、高扬程提水上旱源

黄河在上中游地区流经世界著名的黄土高原,因河流的切割作用,造成水低田高的形势,加之这些地区降雨稀少,干旱严重,有的连人畜用水都难以满足,形成"水从塬下流,塬上渴死牛"的局面。中华人民共和国成立后,随着电力工业的发展,特别是黄河水电资源的开发,能源有了保证,因而使黄土高原地区高扬程电力提水灌溉工程(简称"高灌")得以迅速发展。甘肃、宁夏、陕西、陕西等省、自治区沿黄河及其主要支流,已建成 5 万亩以上的电力提水灌区 37 处，设计灌溉面积 1 200 多万亩，最高扬程 700 余 m，最大灌区灌溉面积达 120 多万亩，灌区主要集中在兰州至青铜峡河段和禹门口至三门峡河段，为解决干旱高原和沿黄各地的农田灌溉及人畜用水问题发挥了重要作用，使许多地方的经济状况和生态环境发生了根本性的变化。

甘肃省中部地区是全省最干旱的地方，素有"陇中苦，甲天下"之说。中华人民共和国成立以后，在陇中严重干旱缺水的 16 个县中，修建了一批高扬程提灌站，其中灌溉面积大于 1 万亩、扬程大于 100 m，主要以黄河为水源的大型电力提水灌溉工程共 19 处，设计灌溉面积超过 13 万亩，装机容量 28.5 万 kW。其中景泰川"高灌"工程净扬程达 445 m，装机容量 6.4 万 kW，提水流量 10 m³/s，设计灌溉面积 30 万亩，1972 年开始上水浇地，1982 年实际灌溉面积达 29.3 万亩。

陇中地区的实践结果表明，"高灌"已经发挥了明显的综合效益。首先是促进了农业生产的迅速发展，改变了靠天吃饭的历史。据统计，高原上水后，一般水地比旱地每亩增产粮食 150 kg 以上。景泰川灌区上水后与上水前相比，粮食增长近 10 倍，农业产值增长 12.5 倍。过去这里吃粮靠返销，生活靠救济，每年平均返销粮达 2.85 亿 kg。上水后这一地区粮食大幅度增产，基本上解决了群众的温饱问题。有的灌区还为国家提供一些商品粮，这样一来每年可减少国家救济款和粮食倒挂款 2 000 多万元，节省运粮劳力 200 多万个。干旱高原有了水以后，林、牧、副业多种经营等都有了发展的可能，农业结构开始有所变化。景泰川灌区已植树 1 200 多万株，营造护田林带 1 400 多千米，生态环境有了明显改善。皋兰县西岔"高灌"区上水后，畜牧业得到大发展，产值增长 2 倍多。有了水源，也为解决人畜用水问题创造了条件。据陇中 19 处"高灌"区统计，共解决了 60 多万人和 70 多万头牲畜的用水问题，可节省运水补贴费近 400 万元。过去这里人烟稀少，现在有了水源，许多干旱山区的群众纷纷迁来安家落户。生产的发展，带来了社会经济的繁荣，地方财政收入显著增加，使干旱高原的面貌发生了巨大变化。景泰川灌区过去是"黄风不断头，遍地是沙丘。滴水贵如油，十种九不收"的苦地方，上水几十年来，这里已建成条田连片、林带成荫、渠系成网、道路通畅的新农村。人均收入较上水前提高了3倍，达到甘肃省农村的中上等生活水平。

"高灌"投资大，耗能多，灌溉成本高，有人怀疑经济上是否合算？经济账是要算的，但一定要从整个社会着眼来算，不能只算某个部门的经济效益。水是万物生存和发展的基本条件，一个地区如果严重缺水，那么这个地区的农、林、牧业就很难得到发展，甚至人类活动都极为困难。而一旦水源有了保证，这个地区就会带来生机，农、林、牧、副业和文教、商业等各项事业就会得到迅速发展，从根本上改变这一地区的社会经济状况和生态环境。所以说国家投资修建"高灌"工程，决不能只看着是为了增产粮食，实质上它是为了这一地区整个社会经济发展而投的资，是为了发展这一地区的物质文明和精神文明而投的资，因此要计算整个社会的经济效益。如果是这样算账，那么发展"高灌"的经济效益肯定是十分显著的。上述陇中16个严重干旱缺水的县，通过发展"高灌"，解决水源问题，迅速改变面貌的事实就是最好的证明。

黄河上中游水电资源丰富，是发展"高灌"的有利条件。目前甘肃省和宁夏回族自治区水电装机容量已分别占全省总装机容量的76%和50%。根据"西电东调"的规划，黄河上游的水电已开始输送到陕西省关中地区。发展"高灌"比较集中的陇中地区，目前大中型电力提水灌溉工程年耗电量仅3亿多 kW·h，不到全省年发电量的3%，可见电源还是比较充足的。由于对"高灌"实行优惠电价，扬程越高越便宜，所以电费非常低廉。随着黄河上游水电基地的开发，将为发展"高灌"提供更多的廉价电能。加之黄河水源也比较可靠，因此，在充分利用当地水资源的基础上，有条件的地区发展"高灌"是可行的。

# 第三节　黄河的洪水和泥沙

## 一、要立足于用浑水

黄河多年平均天然径流量为 560 亿 m³，其中汛期（7 ~ 10 月）水量 332 亿 m³，约占 60%，非汛期（11 月至翌年 6 月）228 亿 m³，约占 40%。流域内工业、农业用水及城镇生活、农村人畜用水等，总共耗水约 270 多亿 m³，水资源利用率达 48.4%，约高于全国水资源平均利用率 15.9% 的 2 倍。与全国七大江河比较，利用率也不算低。黄河汛期含沙量很高，多年平均输沙量 16 亿 t 的 80% 集中在此期间，通常称为"浑水"，汛期水量利用的难度较大。目前已经利用的 270 多亿 m³ 水量绝大部分都是非汛期含沙量较少的清水。

随着社会主义现代化建设的迅速发展，国民经济各部门对黄河水资源的需求量将相应增加。但是，非汛期的可用水量已经不多，潜力不大，今后进一步提高黄河水资源利用率的途径，除了继续修建干支流水库，提高水量的调节程度以外，我认为主要应当依靠多利用汛期含沙量较高的浑水。这样不仅可以缓和供水的紧张状况，而且可以达到用洪用沙、变害为利的目的。如果我们不能很好利用占黄河水量 60% 的浑水。

对于黄河洪水泥沙我们也要转变观念，要一分为二，它既有为害的一面，又有可以利用的一面，从某种意义上说，它也是一种宝贵的资源，我们完全可以趋利避害、变害为利。在这方面，我国古代劳动人民就有很多用洪用沙的办法，中华人民共和国成立以后经过群众广泛实践，又有了很大的发展和提高。例如在引洪漫地、坝系、坝库群用洪用沙，高含沙量浑水淤灌，放淤改土，淤背固堤等方面，均取得了许多新的成就。发挥了淤地改土、增加土壤肥力，缓和灌区伏旱缺水矛盾，提高作物产量，减少入黄泥沙等综合效益，具有强大的生命力和广阔的发展前景，成为治理黄河和进一步开发利用黄河水沙资源的有效途径。

## 二、引洪漫地

在黄河上中淤地区，引洪漫地是一种开展范围很广的群众性用洪用沙的办法，具有简单易行，增产效果显著的特点。根据不同条件，有的在村口或道路上导引雨洪入田，有的在中坡上开沟截留坡面雨洪漫地，有的在水库下游结合水库排沙减淤，引洪淤灌，规模较大的是在峪口或河道两岸开渠引山洪漫淤农田。

陕西省富平县赵老峪洪灌区，早在 20 世纪 50 年代初，它是就是黄河流域引洪漫地历史最久的典型之一。相传赵老峪引洪漫地始于战国时期的秦国，迄今已有两千多年的历史，洪灌区是当时关中地区著名的粮仓。赵老峪本来是顺阳河上淤位于山区的河段，长约 20 km，集流面积近 200 km²，在峪口出山后，流经渭北阶地平原，最后注入石川河（渭河的支流）。赵老峪的洪水，是由峪口以上山区暴雨形成的，一般发生在每年的 7 月中旬至 8 月上旬，年洪水总量约 200 万 m³，输沙量 30 万 ~ 60 万 t。中华人民共和国成立前，实际引洪漫地面积仅 6 000 ~ 8 000 亩。中华人民共和国成立后，对古老洪灌区进行了改造，形成了多渠口、短渠线的渠系。制定了科学的用水制度，提高了洪水利用率，引洪漫地面积增加到 3 万多亩，主要是漫淤麦收后的夏闲地和秋田玉米、谷子、棉花等作物。当地群众在长期的实践中，创造了"多口引""大口吞""大比降""燕窝田"等适应洪水暴涨暴落特点的用洪用沙经验。漫淤后改善了原来的土质，增加保墒抗旱能力，提高了土壤肥力，据现场测定，引洪漫地以后，养分可增加 20% ~ 60%，因此发挥了显著的增产、减沙效益。据调查，小麦一般可增产200多kg，玉米、谷子可增产150 kg左右。由于长期引洪漫地，全部吃掉了洪水泥沙，已使原来顺阳河下游近40 km的河床基本消失，全部淤成平地，变为良田，成为第一条不给黄河输送泥沙的三级支流。

陕西省定边县的八里河，峪口以上流域面积584 km²，以下为荒滩相地，200多年前当地群众就利用上淤的洪水泥沙，淤灌下游的荒滩，现已发展到7万多亩，粮食平均亩产100多kg，成为荒漠中的绿洲，当地的粮食基地。

内蒙古自治区的大黑河，流域面积17 673 km²，上中游是石山区和黄土丘陵区，占全流域面积的48%，下游是广阔的平川地，就是有名的土默特川，平均年径流量2亿多m³，年平均输沙量700多万t。300年前当地人民就开始引洪漫地，目前淤灌面积已从中华人民共和国成立前夕的11万亩增加到110多万亩，引洪能力达1 600 m³/s，淤灌后粮食增产40%～50%，使土默特川成了内蒙古自治区的粮仓。由于引洪能力很大，一般可以将水沙全部引走，自1968年以后，洪水已不再输入黄河。

结合水库排沙减淤，引洪淤灌，也是一种用洪用沙的好办法。例如，陕西省淳化县冶峪河上的黑松林水库，开始是实行"拦浑排清"的运用方式，用清水灌溉，结果水库淤积严重。1962年以后改为"蓄清排浑，引洪淤灌"的运用方式，利用汛期水库排沙的时机，引洪淤灌坝下游11万亩耕地，使粮食平均亩产由原来的100 kg左右增加到300多kg，水库寿命由原来的16年变为长期运用。内蒙古自治区水磨沟上的红领巾水库也采用了类似的办法，即汛前排出库内泥沙，淤地改土；汛期滞洪排沙，引洪漫地；汛后蓄水，保证灌溉。这样不仅延长了水库寿命，而且用浑水灌溉了下游8万多亩耕地，改造了荒滩，效果很好。

黄河中上淤具有引洪漫地条件的地方很多，面积很大。如果发动群众，长期坚持引洪漫地，即可就地"吃掉"一部分泥沙，既有利于当地发展生产，又可以减少进入黄河的泥沙，一举两得。

## 三、坝系和坝库群用洪用沙

随着水土保持工作广泛持久、深入地开展，在黄河中上淤地区群众闸沟打坝的基础上，坝系用洪用沙逐步发展起来了。所谓坝系用洪用沙，就是在一条沟道中根据统筹规划修建一系列小型土坝，组成坝系，其中有淤地耕种的生产坝，有滞洪落淤的拦泥坝，有发展灌溉的蓄水坝等。并在这一条件下，使防洪、拦泥、淤地、生产、灌溉等任务相互轮换，坝与坝之间密切结合，充分利用洪水、泥沙，发挥综合效益。

王茂沟流域 30 多年坝系用洪用沙的发展，为我们提供了宝贵经验。王茂沟是陕北韭园沟的一条支沟，流域面积近 6 km²，主沟长 3.8 km。从 1953 年在沟口修建第一座沟壑土坝开始，30 多年来进行了以建立坝系为主要内容的综合治理，曾经修建淤地坝 42 座，后经改建、旅建和调整，现已形成比较合理的坝系布局。20 世纪 60 ~ 70 年代，主要采用"轮蓄轮种"的运用方式，即上坝拦蓄洪水泥沙，下坝生产种地，当上坝淤满后，就变蓄水拦泥为生产种地，同时加高下坝，变生产种地为蓄水拦泥，做到交替加高，轮蓄轮种。经过 1977 年大暴雨洪水考验后，对坝系布局又进行了调整，合并成 20 座坝，平均坝高 15.1 m，实行"骨干控制，小坝合并"和"滞洪排清，全部利用"的方针，即对骨干坝采用加高坝身，增大库容的办法，达到 50 年一遇的防洪标准，更好地承担滞洪拦泥任务；对用于生产的小坝则合并为大坝，扩大坝地面积，提高坝地利用率，做到防洪、拦泥、生产等任务相互紧密结合。经过艰苦努力，目前已基本实现了洪水泥沙不出沟，坝地粮食产量占总产量的 30% 以上，平均亩产 267 kg，为坡地和梯田平均亩产的 5 倍。

不仅在小沟里通过建立坝系可以达到用洪用沙的目的，而且在多沙支流上通过修建坝库群，也可以达到拦蓄洪水、泥沙，发展灌溉，提高水土资源的综合利用效益。无定河上游红柳河、芦河流域的坝库群就是突出的例证。该地区在红柳河巴图湾水库和芦河横山水文站以上有流域面积 7 167 km²，自 1958 年以来共建大、中、小型水库 140 余座，总库容 12.7 亿 m³，其中新桥水库为大型水库，库容 2.0 亿 m³，中型水库 21 座，总库容 9.36 亿 m³。截至 1981 年共淤积泥沙 4.1 亿 m³，占总库容的 32.5%，其中新桥、旧城两座水库淤积最多，分别占原有库容的 78% 和 84%，其余坝库淤积量平均占原有总库容的 20% 左右，保留 80% 的有效库容可供较长期运用，即使新桥水库，目前仍有 4 400 万 m³ 库容，可起防洪控制作用。

通过坝库群的控制和调节，为用洪用沙，充分利用水沙资源创造了条件。

该地区水量不丰沛，年内径流分配又不均，汛期洪水量占年径流量的 50% ~ 60%，因此不拦蓄汛期洪水，就不能充分利用水资源。现在通过坝库群的调蓄，使其下游的洪水量大大减少，枯水流量明显增加，改善了径流的年内分配，大大提高了水资源的利用率。目前，这一地区灌溉设施面积已达 14.3 万亩，有效灌溉面积 10.5 万亩，水地的增产效益在干旱地区来说是十分显著的。如 1980 年靖边县水地面积只占粮食作物播种面积的 15.9%，而水地产粮则占粮食总产量的 50.2%。再如新桥水库，1961 ~ 1974 年（以后的灌溉效益为其他水库所代替），15 年累计灌溉面积 22.9 万亩，每亩增产粮食 1 365 kg，共增产 1 486 万 kg，价值 357 万元（按每千克 0.24 元计算）。1974 年后，上游相继建成水库，拦截了径流，使新桥水库无水可蓄，不能再发挥灌溉效益，但库区淤出坝地 1.5 万亩，每年耕种 5 000 亩左右，截至 1981 年共增产粮食 500 万 kg，产值 120 万元，仅灌溉和坝地种植两项，产值就达 477 万元，已超过新桥水库的工程总投资 425.3 万元。由于有新桥水库的存在，使其下游的五座水库可以充分发挥效益，其中以巴图湾水库效益最大，发电装机 2 800 kW，平均年发电量 364 万 kW·h，被誉为"沙漠明珠"；有效灌溉面积 6 万亩，已成为内蒙古自治区乌审旗的粮仓；还利用水库养鱼，年产鱼 5 万多 kg；水库蓄水，抬高了库周围地下水位 5 ~ 20 m，有利于发展井灌和解决人畜用水问题。另外，该地区沟道很深，交通十分不便，坝库群形成后，许多大坝坝顶成了过河、过沟的桥梁，畅行无阻。坝库相连，沟沟有水，当地气候条件和生态环境将逐步得到改善。

拦洪必拦沙。无定河上游红柳河和芦河流域的加沙基本上都拦在坝库群内，新桥、旧城、河口庙等水库建成以来，泥沙基本不出库，大大减少了下游的输沙量。赵石窑是无定河上游的水文控制站，根据水文系列对比分析，坝库群形成后的水沙情况与天然情况相比，水量减少13.5%，沙量减少63%，沙量减少的幅度，远大于水量的减少幅度，从而大大降低了水流含沙浓度，有利于开发利用多泥沙支流的水资源。

无定河上游河源区坝库群的成功经验，给了我们十分有益的启示，就是说如果在多泥沙支流上只修建一两座水库，依靠孤军作战，库区淤积就发展很快。与此相反，如果在统一规划指导下，修建若干座大中小型水库，形成坝库群，多库联合运用，实行分而治之的办法，就能控制洪水泥沙，比较充分地开发利用水沙资源，长期发挥综合效益，在多泥沙支流上修水库"好景不长"的问题就不那么突出了。因为坝库群的总库容较大，如新桥水库与河口庙水库以上，流域内平均每平方千米面积有库容32.6万 m³，为当地产沙模数的30倍，至少可以运用30年。实际上由于修建若干水库后，普遍抬高了沟道的侵蚀基准面，减少了沟道的侵蚀量，加上面上水土保持工作的开展，入库沙量将逐渐减少，因此坝库群是能够长期运用的。

从这里还可以看出一个问题，就是在黄土高原地区搞水土保持，修淤地坝，不能只是把泥沙拦住，而把水都放走。因为黄土高原本来就是严重缺水的地区，要改变这里的面貌，发展工农业生产，如增加水地面积以及准格尔、神木、府谷等地煤炭资源的开发，没有大量的水是根本不行的。

所以搞水土保持工作，首先就要保住当地的水，要尽量保住汛期的洪水，因为一年之中60% ~ 70%的水来自汛期。保住水才能保住土，保住水土，才能用水、用土，才能发展农、林、牧业，发展工业，使黄土高原繁荣富裕起来。上述坝系用洪用沙和坝库群用洪用沙，就是保水、保土，提高水资源利用率的有效措施，也是治理黄河的一条有效途径。

## 四、高含沙量浑水淤灌

黄河流域大型灌区过去一般均按输送清水规划设计的，因此都担心引用含沙量较高的浑水会严重淤积渠道。1932 年泾惠渠建成受益以来，通过实践，明确规定汛期当河水含沙量超过 15%时（相当于每立方米含沙量 166 kg）即停止引水。此后相继建成的渭惠渠、洛惠渠等灌区，也都沿用这一规定。

随着灌区的扩大和农业生产的发展，特别是当汛期出现"伏旱"天气时，因含沙量超限不能引水，陕西省关中地区水量供需矛盾十分突出，严重影响抗旱灌溉。为了缓和供水矛盾，20 世纪 70 年代初期，洛惠渠灌区在总结过去群众引洪放淤改造盐碱地经验的基础上，首先比较系统地运用引用高含沙量浑水淤灌的观测和试验，突破了引水含沙量不能超过 15%的陈规，后来泾惠渠、渭惠渠和宝鸡峡等灌区也先后开展了这方面的工作，推动了全省灌区用洪用沙的发展。

经过实践和室内外的试验研究，到了 20 世纪 70 年代末和 80 年代初，已经基本解决了高含沙量浑水远距离输送及大面积淤灌的技术问题。通过采取适当加大渠道比降和超高，搞好渠道衬砌，设置拉沙闸，集中用洪，加强科学管理等一系列措施后，原来按照输送清水规划设计的渠系，仍然可以输送浑水。目前关中几个大型灌区汛期引水的含沙量一般为 30% ~ 40%（相当于 370 ~ 540 kg/m³），洛惠渠最高达 60%（相当于 965 kg/m³）。长距离输送可达几十千米，宝鸡峡灌区最远可输送 200 km，渠道基本不淤，或通过冲淤、排淤措施，使年内冲淤基本达到平衡。据统计，1976～1980 年，关中几个大型灌区平均每年引用高含沙量浑水近 5 000 万 m³，约占夏灌用水量的 11% 以上。6,7,8 月，关中地区经常出现"伏旱"，此时正是玉米拔节抽穗，棉花开花结桃的关键时刻，灌与不灌，对产量影响很大，因此汛期引用高含沙量浑水淤灌，增加了抗旱用水，对解决"卡脖子"旱情有很大作用。5 年内共消纳泥沙 7 600 万 t，从而减少了入黄泥沙。淤灌农田 223 万亩次，放淤改造盐碱地 5 万亩次，肥地增产的效益显著。据 1977 年在洛惠渠杨家庄放淤地测定，20 cm 厚的淤积土层内，平均增加含氮 71.4%，含磷 19.7%，有机质 40.3%。许多灌区尽管不缺水，群众也欢迎淤灌。宝鸡峡灌区对比试验表明，淤灌比未淤灌的农田，一般可增产21%～39%。据统计，关中地区泾惠渠、洛惠渠、渭惠渠三大灌区 5 年来共增产 5 500 万 kg，一般每亩地可增产 100～150 kg。

高含沙量浑水淤灌试验成功并推广运用，为黄河中上游地区大规模开展用洪用沙，综合利用水沙资源闯出了新路子。

## 五、放淤改土

黄河下游由于历史上多次决口改道，留下许多潭坑和大片盐碱沙荒。据调查，沿黄河县、市共有沙碱地近 1 000 万亩，占总耕地面积的 40%，长期以来粮食每亩产量不超过 50 kg，有的甚至颗粒无收，群众生活十分贫困。中华人民共和国成立后，为了改变下游两岸农业生产面貌，从 20 世纪 50 年代起就开始引黄放淤改土，截至目前河南、山东两省淤地改土面积已达多万亩，增产效果显著，深受群众欢迎。

盐碱地放淤，有洗碱脱，盐作用。放淤时间每年一般 20 多天，动水放淤，淤区水深 1 m 左右，沉淀后的淤水及时排出，洗碱脱盐效果显著，无论是滨海老盐碱地，还是灌区次生盐碱地，都能当年放淤，当年恢复生产，具有见效快的特点。对于低洼易涝地区，通过引黄放淤可以逐渐抬高地面，改善排涝条件。结合引黄灌溉，利用堤背的潭坑、洼地进行沉沙放淤，既为处理泥沙找到了出路，又可以淤出好地，轮淤轮种。由于汛期黄河洪水中小于 0.01 mm 的极细颗粒泥沙占 40% ~ 50%，因此放淤后可将沙地改造为良田，耕性较好，适于作物生长，提高了保护抗旱能力。汛期黄河洪水特别是头两场洪水的泥沙，绝大部分来自黄土高原的表土层，肥分很高，开封市郊放淤区实际化验资料表明，落淤厚度 0.1 m，每亩地可增加氮 5.8 ~ 8.2 kg、磷 3.2 ~ 4.1 kg、钾 40 kg，增加的有机质相当于 1 t 草肥的肥效，所以放淤后不用上肥料，每亩可收 200 kg 粮食。

山东省东明县过去风沙、盐碱、涝灾非常严重，是黄河下游有名的穷县，平均亩产仅几十斤，1957 ~ 1977 年共吃国家统销粮 3.25 亿 kg。后来通过放淤改土，面貌迅速改观，目前已完成放淤改土面积 30 万亩，占全县耕地面积的 20% 以上，平均亩产提高 100 ~ 200 kg，结束了长期吃国家统销粮的历史，群众生活有了明显的改善。1981 年领导在视察三春集乡贾村时总结说："责任制加放淤等于农业翻身之道"。

河南省兰考县过去也是全国有名的穷县。我国著名水利专家张含英，1932 年在视察黄河的日记中曾有这样一段记载："至考城（即今兰考县），沿途极为荒凉，飞沙遍地，草木不生，殆如沙漠。"可见当时的砂碱灾害十分严重。中华人民共和国成立后，在党的领导下，兰考人民发扬党的好干部焦裕禄同志艰苦创业的精神，开展以引黄放淤改土为中心的综合治理，淤地改土 20 多万亩，全县种泡桐树 700 万株，实现农桐间作 60 多万亩，成为全国闻名的"泡桐之乡"。如今兰考大地稻麦飘香，绿树成行，到处呈现一派兴旺景象，1983 年夏粮总产 1.35 亿 kg，成为全国五年夏粮增长一亿斤的先进县。

郑州花园口是 1938 年国民党政府扒开花园口黄河大堤后受害最惨重的地方，经过引黄放淤改造，如今花园口乡已全部变成稻麦丰产田，1983 年平均亩产达到 780 kg，当年黄河泛滥成灾的痕迹再也看不到了。

在盐碱洼地上引黄河水改种水稻，也是一种改土增产的有效措施。据调查，引黄种稻当年，1 m 厚的土层内脱盐率在 40% ～ 60%，将汛期含肥分很高的浑水引入田间，也增加了地力。过去产量很低，的盐碱洼地，改种水稻后，平均亩产可达 300 kg。经过连续多年种稻，地面高程逐渐抬高，土壤结构得到改善，返盐受到抑制，然后改种旱作物，同样能获得稳产高产。河南省原阳县是历史上黄河故道流经的地方，盐碱地严重，后来采用边淤地边种稻的办法，在沿黄低洼盐碱地种水稻 25 万亩，粮食由过去每亩几十斤增加到 400 多 kg，1982 年粮食总产达 2.38 亿 kg，为 1949 年的 4.5 倍。

种稻耗水量一般是旱作灌溉的 4 倍，泡田、插秧大量用水的时候，正值五六月份黄河枯水季节，水源有限，用水矛盾突出，因此，我认为目前还不宜大量发展，加之用工较多，一般在郑州、开封、济南等人多地少的城市郊区大面积种植较为合适。

## 六、淤背固堤

根据黄河水含沙量大的特点，从 20 世纪 50 年代就开展了淤背固堤工作。开始是结合引黄灌溉，利用历史上决口后在大堤背后留下的潭坑洼地作沉沙池，通过涵闸、虹吸引黄河水自流沉沙，潭坑淤平，洼地淤高，起到加固大堤的作用。随着背河地面逐渐淤高，有些堤段已经不能自流沉沙，20 世纪 60 年代开始在部分涵闸、虹吸出口处修建扬水站，结合灌溉，提水至背河淤区内沉沙固堤。

为了加快淤背固堤的速度，20 世纪 70 年代初期黄河修防职工创造了简易吸泥船，即在船上用高压水枪冲搅河底泥沙，再用泥浆泵抽吸，通过管道输送到堤背淤区内，经过沉淀，清水灌溉，沉沙固堤。据调查，历年汛期背河地区发生渗透变形的位置，多数分布在背河距堤脚 50 ～ 100 m 范围内，因此淤背固堤的宽度一般定为 50 ～ 100 m，在普遍淤高的基础上，重点堤段可以淤到与设计洪水位相平。目前黄河下游已建引黄涵闸 70 多座，扬水站 60 多座，发展简易吸泥船 200 多只，三种淤背固堤方法都在因地制宜地发挥作用，大大加快了速度。在上述规定范围内放淤土方现在已达 2 亿多 m³，使 600 多 km 长的大堤得到不同程度的加固，效果显著。

1947 年堵复了花园口口门，黄河回归故道，花园口大堤背后则留下一个大潭坑，积水面积 36 万 m²，最深处达 13 m，每到汛期，经常出现堤身滑塌、管涌等严重险情。1956 年花园口淤灌闸建成后，首先向潭坑引洪放淤，1958 年即基本淤平，后又用扬水站、简易吸泥船提水沉沙，淤高 5～7 m。现在花园口险工不仅消除了临背悬差，而且使背河地面高程淤高到 1958 年洪水位以上 1.0～2.5 m，大大增加了大堤的抗洪能力。据统计，类似的潭坑已淤平 40 多个。其他如济南牛角峪、齐河南坦、东阿牛屯等堤段，过去每年汛期，险情丛生，采用多种措施加固，效果均不大。后来经过淤背固堤，达到了规定标准，经多年洪水、凌汛考验，均不再发生险情。目前淤背固堤已成为黄河下游堤防加固的重要措施，群众把这种利用黄河自身的泥沙来治理黄河的办法称为"以黄治黄"。

我国河工史上，早在明代万历年间万恭、潘季驯就提出堤外滩地落淤和固堤放淤的办法，当时主要是在格堤之间落淤，或用来淤高缕堤背后洼地，或用淤滩的办法来代替修筑缕堤等，试图利用黄河泥沙淤积的规律来达到治河的目的。清代康熙后期到道光前期（18 世纪初到 19 世纪初），固堤放淤在治黄史上曾形成一个高潮，主要用于险工堤后放淤，决口坑塘放淤及月堤内放淤等，当时有人把它看作是黄河下游"以水治水"的上策。这种用战略眼光来看待放淤固堤的观点，直到现在仍有很好的参考价值。但是由于官僚治河，决口频繁，效果极微。

总之，黄河泥沙被带到下游以后，仍然是一种资源，可以变害为利，即使排到河口地区，填海造陆，也是一种很好的利用。通过长期实践，一定还会开辟更多的利用领域，取得更大的成绩。用洪用沙不仅可以造福人民，而且也是治理黄河的一条重要途径。

# 第四节　黄河水电资源的开发

## 一、从几百千瓦到几百万千瓦

"黄河之水天上来"，蕴藏着巨大的水能资源。在中华人民共和国成立之前，这些宝贵的资源几乎没有得到开发利用，直到20世纪40年代末，只在青海西宁、甘肃天水和山西太原等地附近的小支流上修过几座小型水电站，装机容量总共仅几百千瓦。

中华人民共和国成立以后，在"根治黄河水害，开发黄河水利"总方针的指引下，黄河流域水利水电事业得到迅速发展。记得20世纪50年代查勘和选定的刘家峡水库坝址，如今已是"高峡平湖"，建成了目前黄河上最大的水电站。黄河干流现已建成刘家峡、盐锅峡、八盘厚、青铜峡、三盛公、三门峡等7座大型水利水电枢纽，总库容230亿 m³，总装机容量241万 kW，年发电量117亿 kW·h，约占全国水电装机容量的10%，年发电量的13%，截至1985年，累计发电1 350多亿 kW·h，产值约88亿元，相当于上述干流7座工程总投资的3.7倍。其中刘家峡水电站是目前黄河上最大的水电站，总库容57亿 m³，装机容量116万 kW，年发电量55.8亿 kW·h，到1985年共发电652亿 kW·h，产值达42.4亿元，相当于工程总投资的6.7倍，等于节约煤炭3 600多万 t。现在刘家峡水电站一年的发电量，比1949年全国的发电量还要多。正在建设中的龙羊峡水电站，是黄河干流上唯一具有多年调节性能的大水库，装机容量128万 kW，年发电量60亿 kW·h，1986年10月已下闸蓄水，1987年计划两台机组发电，综合效益十分显著。

黄河支流上目前已建成大中型水库 160 多座，总库容 80 多亿 m³，大于 500 kW 的水电站有 70 多座，总装机容量 13.6 万 kW，年发电量可达 3.4 亿 kW·h，为当地工农业生产的发展和人民生活的改善，发挥了重要作用。

由于黄河干流水电资源的开发，目前甘肃省和宁夏回族自治区电网的水电装机容量已分别占 76% 和 50%，就陕甘青宁大电网来说，刘家峡、盐锅峡、八盘峡、青铜峡 4 座水电站装机容量约占 1985 年大电网总装机的 37%，成为全网的骨干电站，为安全、经济运行做出了贡献。由于电网中水电占有较大比重，水电的成本很低，从而使整个电网的成本大大降低，因此甘肃等省才有可能对冶炼工业、高扬程电力提水灌溉等大宗用户实行优惠电价。这对于西北地区石油化工、金属冶炼等工业基地的形成和黄河两岸高扬程提水灌溉的发展，以及促进社会经济繁荣和人民生活水平的提高，都起了巨大作用。

刘家峡、三门峡等枢纽工程在发出巨大电能的同时，还发挥了防洪、灌溉、供水等综合效益。以刘家峡水库为例，它承担了兰州市的防洪任务，能使兰州市百年一遇洪水的洪峰流量由 8 080 m³/s，削减为 6 500 m³/s。1981 年 9 月，黄河上游发生了中华人民共和国成立以来最大的洪水，由于正在施工的龙羊峡水电站上游围堰拦洪和刘家峡水库的调蓄作用，使兰州的洪峰流量由 6 800 m³/s，削减为 5 600 m³/s，大大减轻了兰州及宁蒙地区的洪水威胁。通过与青铜峡水库联合调节，还可大大减轻宁蒙河段的凌汛威胁。刘家峡水库还承担了宁蒙引黄灌区 1 500 多万亩农田灌溉任务，平均每年五六月间可为春灌补水 8 亿 m³，使灌溉用水增加，提高了灌溉保证率，结合发电，同时满足了兰州、包头等沿河城镇和工矿企的供水要求。

在泥沙最多、开发难度很大的黄河中游河段，已成功地建成了三门峡、天桥两座水电站。泥沙对水轮机的严重磨蚀问题，通过试验研究，取得了许多可喜的成果。如用环氧树储金刚砂、复合尼龙等非金属材料涂在水轮机的表面，保护母机，能起到很好的抗泥沙磨损作用，延长了水轮机的使用寿命。

中华人民共和国成立以后，黄河水电资源开发利用的巨大成就，解除了黄河水不能发电的疑虑。实践证明，不仅含沙量小的黄河上游的水电资源可以开发利用，而且含沙量大的黄河中游的水电资源同样可以得到开发利用，害河完全可以变利河。随着社会主义现代化建设的发展，黄河流域丰富的水电资源将进一步得到开发利用。

## 二、建设黄河上游水电基地

黄河上游龙羊峡至青铜峡河段全长 1 023 km，落差 1 465 m，河道蜿蜒曲折，一束一放，川峡相间，穿过 15 段峡谷，最窄处仅 30 ~ 40 m，谷深坡陡，水流湍急，水电资源十分丰富，是我国正在建设的水电基地之一。1955 年黄河规划确定本河段的主要任务是开发水电，当时共规划了 17 座梯级水电站，现已修建了刘家峡、盐锅峡、八盘峡、青铜峡 4 座水电站。龙羊峡工程是黄河的"龙头"水库，所处的地位很重要。目前上游已建和在建水电站共装机超过 300 万 kW，占本河段可开发装机容量的 27%，黄河上游水电基地已初具规模。原规划为充分利用水头，布置梯级方案时，要淹没大量川地，后来在总结经验的基础上，对 1955 年规划进行了修订和调整，将坝址尽可能选在峡谷下口，并采取峡谷高坝的办法，扩大库容，少淹农田，由 17 座梯级水电站调为 15 座，今后尚待开发的仍有 10 座。在 15 座水电站中，大于 100 万 kW 的骨干水电站有：龙羊峡、拉西瓦、李家峡、公伯峡、刘家峡和黑山峡（大柳树或小观音）等 6 座，总装机容量 960 万 kW，占本河段可开发水电资源的 75% 左右。其中龙羊峡、刘家峡、黑山峡 3 座大水库是调节径流的控制性工程，总库容 456 亿 m³，淤积后的有效库容仍有 240 多亿 m³，约占青铜峡断面年径流的 82%，可以对本河段的水量进行有效调节。龙羊峡水库雄踞本河段的最上端，总库容 247 亿 m³，有效库容 193.5 亿 m³，不仅自身水电站能发出巨大电能，而且通过水库对径流进行调节，可增加其下游刘家峡、盐锅峡、八盘峡、青铜峡 4 座水电站的保证出力约 25 万 kW，同时还可以发挥防洪、灌溉、供水等综合效益。位于本河段下端的黑山峡水库（以大柳树方案为例），总库容 110 亿 m³，淤积后仍有 50 多亿 m³ 有效库容，是具有承上启下作用的反调节水库，既可以提高上游梯级水电站的出力，又能解决其下游宁蒙河段的工农业用水和防洪、防凌问题，同时可保证河口镇以下准格尔、神府等煤炭基斗和山西能源重化工基地等工农业用水。主要通过龙羊峡、刘家峡、黑山峡大型水库联合运用，可以大大提高本河段 15 座梯级水电站的通电能力。甚至还可以利用这些库容进行跨流域径流电力补偿调节，发挥更大的综合效益。该河段有如此巨大的水库蓄能和高质量的水电资源，这在全国来说，实属罕见。

除此之外，本河段在开发条件方面还有以下许多优势。第一是淹没损失小。本河段地广人稀，加之规划时已注意尽量避开大的川地，因此修建水库一般不淹没大的城镇和工矿企业，淹没耕地不多，迁移人口很少，如龙羊峡、刘家峡两座大水库总库容 304 亿 m³，平均每万千瓦仅淹地 670 亩，移民 250 人。今后待建的 10 座水电站每万千瓦装机容量仅淹没耕地 105 亩，移民不到 100 人，与国内已建和在建大型水电站平均每万千瓦淹地、移民数相比仅占 10% 左右，其中位于青海省境内的拉西瓦水电站，装机容量 300 多万 kW，只淹地 300 亩，移民 150 人，加之西北地区土地资源丰富，库区移民也比较容易安置。第二，是本河段短期内还不通航，建库后不利环境影响较小。第三，投资省。已建的 4 座水电站平均每千瓦投资 600 元，与修建火电厂单位千瓦投资差不多。其中刘家峡、盐锅峡单位千瓦投资仅为 520 元和 440 元，比火电投资还省。由于地形、地质条件优越，工程量小，施工洪水小，对外交通尚便利，因此已建工程工期均较短，如盐锅峡水电站装机容量 35.2 万 kW，第一台机组发电仅用了 3 年多，与火电相比，建设工期也不算长。因有建设本河段五座水电站的成功经验，又可实行梯级水电站流水施工，加上可利用龙羊峡、刘家峡两大水库调节洪水，削减洪峰，今后继续修建本河段其他水电站的导流、截流和永久泄洪建筑物的布置等也将大为简便。所以建设工期将进一步有所缩短，单位千瓦投资仍要比全国其他水电站便宜。

资金严重不足，是加速开发黄河上游水电基地的主要矛盾。为解决建设资金来源问题，许多同志曾提出很多办法，如成立水电开发公司、进行铝电联合开发等，我认为都是很好的设想。目前我国现行的水电基本建设与电力生产、经营分开的管理体制，不利于加快水电建设速度，亟待改革。有不少同志建议今后可由设计、施工、运行和经营管理等单位联合成立黄河上游水电开发公司，使之成为一个统一的经济实体。另一方面，由于开发公司与经济效益直接挂起钩来，企业就必然会精心设计，精心施工，加强企业管理，千方百计采取措施缩短建设周期，降低工程造价，不断提高经济效益，从而加速黄河上游水电基地的开发。

我国是世界上极少数铝、电资源兼富的国家之一，长期以来，由于电力不足，使铝成了我国国民经济发展中的短线产品，不得不耗费大量外汇进口铝，为了尽快开发西北地区丰富的铝资源，许多同志提出应该充分利用黄河上游廉价的水电资源，实行铝电联合开发。如果 2000 年前要生产 60 万 t 铝，据初步估算需要保证出力 110 万 kW，这与李家峡、公伯峡、积石峡三座水电站的保证出力相当，建设这三座水电站的投资约 38 亿元。

# 第五节　保护黄河水源

　　水是人类赖以生存，社会得以发展的重要物质基础，对水资源不仅有数量的要求，而且对水质也有一定要求。没有质量就没有数量。即便是水量丰沛的地区，如果水质恶化，也会出现水源危机。黄河水资源本来就不算丰富，随着流域内工农业生产的发展和城市人口的增加，大量废污水排入河道，黄河干支流许多河段，水源污染已很严重，加剧了水资源的供需矛盾。

　　据流域内八省、自治区（未包括河南省）160 个城镇的不完全统计，1980 年每日排放废污水 496 万 t，全年总量达 18 亿 m³，其中工业废水（不包括电厂冷却水和矿井废水）每日排放 407 万 t，占废污水总量的 82%。流域内日排废污水量大于 5 万 t 的城市有 18 座，日排废污水量占废污水总量的 70.8%。其中兰州、太原、西安三座大城市日排废污水 182.1 万 t，占全流域日排废污水总量的 36.8%。由此可见，废污水主要来自人口集中、工业发达的大中城市。

　　流域内工矿企业有 1 万多个，日排废污水量大于 0.5 万 t 的企业共 200 多个，主要是化工、冶金、石油、毛纺、造纸、印染等行业，它们排放的废污水，一般未经处理即排入翟河水系，是主要的污染源。目前城镇街道工业和农村乡镇企业发展很快，它们的生产条件较差，排放的废污水均未处理，严重污染了附近的水源。

　　农业生产中广泛使用农药及未经处理的城市污水灌溉农田，也是污染水源的一个原因。流域内 1980 年耕地施用有机磷、有机氯等农药约 3.7 万 t，这些农药化学性质稳定，毒性大，残留期长加之目前施在地里的农药利用率又很低，80% ~ 90% 损失在土壤和空气中，且不易分解，可随地表径流和农田灌溉退水进入黄河水系而污染水源。污水灌溉在超过土壤的净化能力后，大量渗入地下，造成地下水污染。西安市郊污水灌区群众反映，现在井水已由甜变涩，食用后常出现肠胃消化道异常，有的井水已达到人畜厌用的程度。

由于废污水中含有多种有毒、有害物质，部分河段水源被严重污染后，已直接影响到人民群众的生产、生活，破坏了生态平衡。1980 年洛阳市某药厂排放三氯丁醛废水，使郊区及孟津、偃师等县 1 600 亩小麦绝收，6 000 亩减产，损失粮食 110 万 kg，并使 200 多亩油菜减产 2 万 kg。甘肃省兰州某工厂将含油量很高的 8 万 t 废水直接排入黄河，使附近养鱼场水面形成厚达 5 cm 的油层，招致火灾，造成数十万元的损失。兰州市自来水公司原有 4 个水厂以黄河为源，由于兰州河段污染严重，现已有两个水厂停止从黄河取水。以地下水为主要水源的包头、西安、太原、呼和浩特、银川、洛阳等大中城市，目前浅层地下水普遍受到污染，部分地区深层地下水也发现有毒有害物质，许多井水已不能饮用。

水源污染，也影响到黄河水域的生态平衡。如兰州河段原有 18 个鱼种群，其中 8 个已绝迹。包头河段原是盛产鱼苗的基地，由于水质污染和其他原因，1979 年仅捕获鱼苗 20 万尾，相当于往年捕获量的 1/30 ～ 1/20。河南省境内的洛河鲤鱼和伊河鲂鱼，过去曾有"洛鲤伊鲂，贵于牛羊"的美称，现在这种名贵鱼种已基本绝迹。

根据 1980 年黄河干流及主要支流 149 个河段，8 016.5 km 河长的水质监测资料分析，符合生活饮用水标准的河段仅 69 个，占黄河河段总数的 46.3%，占评价河段总长的 59.2%。有 32 个河段，总长 1 325.1 km，因污染特别严重，已不符合农田灌溉水质标准。污染比较严重的河段，主要分布在干流兰州河段、包头河段和潼关等河段。支流主要分布在涅水西宁段、汾河太原段、渭河宝鸡段、西安段及伊洛河段的洛阳段等。上述情况表明，控制污染，保护水源，已成为治黄工作刻不容缓的重要任务。

西方资本主义国家，由于工业发展很快，城市人口急剧增加，开始时对环境保护问题重视不够，致使大多数水源均遭污染，造成了严重后果。如美国有30多万个用水的工厂，排出的污水每年近500亿 m³（不包括冷却水），尽管花了数十亿美元修建了一些污水处理厂，但是到1971年全国河道和海岸线受污染的长度仍达总长度的29%，其中俄亥俄河高达82.8%，安大略湖、伊利湖只经过20～30年便成为"死湖"。鱼是对河水污染最敏感的动物，1957年曾有人对流经英国首都伦敦的泰晤士河下游河段进行了实地调查，发现除泥鳅外，再也见不到鱼类，干燥的夏天，几公里长的河道上连续几个月散发着恶臭，泰晤士河已变成"死河"，日本由于水源严重污染，曾发出震惊世界的"水俣病"事件等。严酷的事实教育了人们，防止水源污染已成为目前世界各国普遍关注的重大问题，投入了大量财力、物力，制定了严格的法律，采取了多种有效措施来消除污染，保护水源，有的已经取得显著成效。如英国泰晤士河经过10年的持久努力，已开始获得新生，约90种鱼类又在河中畅游了。有人估算，美国为了制止水质继续受到污染，起码要花900多亿美元才能使水质基本达到保护环境所规定的标准。由于增加投资和管理费用，约有几百家工厂要关闭，失业率将增加。由于地下水循环周期比地表水慢得多，一旦地下水被污染，即使切断污染源，在很长时间内也难以完全消除污染，国外有的水井污染后，洗井十余年才略见好转。目前我国社会主义现代化建设正在迅速发展，我们一定要认真吸取别人的教训，再也不能走西方资本主义国家先污染后治理的老路了。

黄河的水源保护工作，在国务院的关怀下，1975年成立了黄河水源保护办公室，与流域内各省、自治区环境保护部门密切协作，开展黄河水源保护工作。后又相继成立黄河水质监测中心和水源保护科学研究所，在水质监测和评价、污染源调查、污染防治、水源管理等方面，已经取得一批成果，积累了一定经验。水质监测是开展水源保护的基础工作，是了解和掌握水质状况，污染规律和发展趋势的重要手段。目前黄河水系水质监测网络已初步建成，能够对黄河干流及涅水、汾河、渭河、伊洛河、大汶河等 62 条支流的 149 个河段约 8 000 km 河道长度进行水质的单项和综合评价。通过调查研究，在基本摸清污染现状和污染源的基础上，编制了黄河水系污染治理规划。规划确定黄河干流污染治理的重点是甘肃省的兰州河段和内蒙古自治区的包头河段；重点治理的五条支流是涅水、渭河、汾河、伊洛河和大汶河；重点治理的城市是兰州市和包头市；重点治理的工厂埠，94 家。根据黄河多泥沙的特点，本着全面规划，分工协作，集中力量，重点发出的原则，开展了科研工作，已为水源保护规划，污染防治和水质管理等提供了一批科研成果。由于水源保护工作是一项新的工作，加之起步又较晚，因此当前的工作状况，距离保护水源，改善环境，使黄河水资源更好地为社会主义现代化建设服务的要求仍相差很远，今后的任务还十分艰巨。

提高认识，加强领导，是做好黄河水源保护工作的基本条件。今后要进一步持久、深入地广泛宣传保护黄河水源的重要意义，运用典型污染事故所造成的重大经济损失及危害群众健康的严重恶果，进行具体、生动的宣传，提高广大群众特别是各级领导干部对搞好水源保护工作重要性的认识，使大家都自觉地关心和积极支持这项工作。

黄河水系是一个有机整体，干支流、左右岸之间有着密切的联系。黄河水源保护工作涉及面广、战线又长、问题很复杂，需要有一个切实可行的规划，做到黄河流域内的经济建设，水资源开发利用和水源保护同步规划、同步实施、同步发展，以求经济效益、社会效益和环境效益的统一。工业废水未经处理就直接排放，是造成黄河水系污染的主要原因，根据"谁污染，谁治理"的原则，首先要分期分批搞好现有企业的"三废"处理，严格控制排放标准。对于污染严重，危害很大的企业要限期治理，过期不治的要坚决停产、转产。根据"以防为主，防治结合"的方针，今后要严格防止新的污染源产生，新建企业一律要做到防治污染的措施与主体工程同时设计、同时施工、同时投产。

加强法制，是搞好黄河水源保护工作的重要保证。《中华人民共和国环境保护法》已经颁布试行，必须坚决做到有法必依，执法必严。把环境管理同排污单位的经营效果、职工利益结合起来，有利于调动企业开展综合利用和治理污染的积极性。实践证明，这是一项有效的措施，促进了环境保护工作的开展。

黄河还具有其他河流所没有的特点，许多问题都有待于探索。如泥沙与污染物之间的关系，就需要很好地研究。因此，要进一步加强科学研究和水质监测工作，摸清黄河污染规律，为搞好黄河水源保护工作提供科学依据。

黄河水源保护工作是一项跨部门、多学科、综合性很强、涉及范围很广的工作，虽然情况复杂，困难不少，但的确是非常光荣、非常重要的工作，只要坚定信心，经过长期不懈的努力，到 20 世纪末一定能基本解决黄河水源污染问题，使宝贵的黄河水资源为加速社会主义现代化建设和改善人民生活做出更大贡献。

# 第三章 生态文明发展模式的理论探索

## 第一节 生态文明的概述

### 一、生态文明的内涵

"生态文明是指人类遵循人、自然、社会和谐发展这一客观规律而取得的物质与精神成果的总和；是指以人与自然、人与人、人与社会和谐共生、良性循环、全面发展、持续繁荣为基本宗旨的文化伦理形态。"

生态文明有狭义和广义之分。狭义的生态文明是指，相对于物质文明、精神文明、政治文明而独立的一种文明形式；是在合理继承工业文明的基础上，用更加文明与理智的态度对待自然生态环境，反对野蛮开发和滥用自然资源，重视经济发展的生态效益，努力保护和建设良好的生态环境，改善人与自然的关系。这里着重强调人类在处理人与自然关系时所达到的文明程度。

广义的生态文明是指，继农业文明、工业文明之后的一种文明形态，它以人与自然协调发展作为行为准则，目标是建立健康有序的生态机制，实现人与自然关系的高度和谐统一。它不仅说明人类应该用更为文明而非野蛮的方式来对待大自然，而且在文化价值观、生产方式、生活方式、社会结构上，都体现出一种人与自然关系的崭新视角。

"广义的生态文明包括多方面的含义：第一，在文化价值理念上，对自然以及生态系统的价值有全面而深刻的认识，树立符合自然生态规律的价值需求、价值规范和价值目标。生态意识、生态道德、生态文化成为具有广泛民众基础的文化意识。第二，在生产方式上，转变高生产、高消费、高污染的工业化方式，以生态技术为基础实现社会物质生产的生态化，使人类生产劳动具有净化环境、节约和综合利用自然资源的新机制，沿着与生物圈相互协调的方向进化。第三，在生活方式上，人们的追求不再是对物质财富的过度享受，而是高质量、低消耗，既满足自身需要，又不损害群体生存的自然环境，同时也不损害其他物种的繁衍生存。第四，在社会结构上，表现为生态化渗入到社会结构和整个社会生活的多个方面，以实现经济—社会—生态环境的和谐发展。"

生态文明的提出，标志着人们对人与自然的关系有了更深刻的认识，是人类思想观念的一大进步。当前，生态文明已成为全世界人们共同追求的目标。这一目标的实现，需要各国人民的共同努力，即进行生态文明建设。

## 二、生态文明的理论依据

生态文明是一种文明理念，一种社会形态，一种文明制度，具有深厚的理论根据。

### （一）马克思主义关于人与自然的世界观和方法论

马克思、恩格斯认为，人是大自然中的一部分。人这个自然力以其自身的生存发展需要去劳动，去占有物质自然，才推动了自身的自然力，推动了人的臂膀、腿、头和手的运动和发展。就是说，人在改变客观自然时也改变了人自己，人是与大自然和谐共存的。马克思、恩格斯这种自然人的观点，也是针对西方传统的天人对立观点来讲的。古代西方学者主张天人对立，强调人类贪婪地索取、占有和支配大自然。现实是工业文明在给人类带来极大的物质享受的同时，也给人类带来了无穷无尽的灾难。

在《资本论》中，马克思在谈到未来社会生产领域中人的自由问题时说："在这个领域内的自由只能是：社会化的人，联合起来的生产者，将合理地调节他们和自然之间的物质变换，把它置于他们的共同控制之下，而不让它作为盲目的力量来统治自己；靠消耗最少的力量，在最无愧于和最适于他们的人类本性的条件下来进行这种物质变换。"马克思在这里指出了社会生产必须遵循对人的自由和人文关怀的原则，必须遵循人的全面、自由发展的原则，必须遵循人与自然和谐协调的原则。由此可见，马克思、恩格斯关于人与自然的观点主要是：①人是大自然中的一个组成部分，人首先是自然人；②人要实现自由全面发展，既不能做大自然盲目统治的奴隶，也不能破坏大自然；③自然界是按照自然规律运动的，自然规律是可知的、可驾驭的，违背自然规律是要遭受自然界惩罚的，人类应该而且能够按自然规律办事。马克思、恩格斯关于人与自然关系的世界观和方法论，今天仍然是我们研究生态文明的根本理论基础。

### （二）"以人为本"与全面、协调、可持续的发展理论

当人们从马克思主义关于历史是人们自己创造的这一唯物史观出发，去自觉地观察人类社会历史发展规律的时候，就有了"以人为本"的社会发展观。这体现了生态文明时代的社会经济发展的目的、本质和核心，就是实现人与人的和谐和人的自由全面发展。具体地说，就是要在人和自然和谐发展的基础上，促进经济与社会的协调发展，促进社会公平与公正，不断提高人们的物质文化生活水平和健康水平，逐步消除两极分化，逐步实现共同富裕；就是要充分尊重和保障人权，包括公民的政治、经济、文化权利，特别是人们参与社会经济发展的知情权、决策权；就是要不断创造学习型的社会，不断提高人们的思想道德素质和科学文化素质，不断创造人们学习、就业等参与发展的平等机会；就是要尊重劳动、尊重知识、

尊重人才、尊重创造。人们已经意识到：可持续发展是人们应该遵循的一种全新的"发展理念"和"价值取向"，是人们建设生态文明社会的重要理论基础。

### （三）人地系统理论和生态经济系统的生态国限理论

人地系统理论是指，人类社会仅仅是地球系统的一个组成部分，是生物圈中的一个组成部分，是地球系统的一个子系统；同时，人类社会活动系统又与地球系统及各个子系统之间存在相互联系、相互制约、相互影响的密切关系。生态国限理论是指生态经济系统的耐受限度。当生态因子或经济因子的变化作用于生态系统而没有超过生态经济系统的耐受限度（生态国限）时，生态系统便会在各因子的相互反馈调节下自动得到补偿，恢复自组织能力，恢复各子系统的平衡运动；而一旦人类的经济、社会活动超过了这个国限，系统就会失去补偿功能，环境破坏、生态失衡等一系列问题接踵而来。这就要求我们在社会经济活动中，不仅要追求经济效益，更要注重环境生态效益。

### （四）物质长链利用和循环再生原理

自然界中的物质沿着食物链从生产到消费，又经过微生物的分解还原到大自然中，形成物质的循环再生。长链结构比短链结构更有利于物质的循环转化利用。工业生态经济系统有类似的链状结构，称之为"资源加工链"。例如，农作物的秸秆，直接用于肥田或做燃料，物质利用率仅为10% ~ 30%。若将其加工成饲料供动物食用，再将动物排泄物投入沼气池，转化成沼气并将残渣肥田，则物质利用率可达到60%左右。显然，"资源加工链"的延伸，可以实现物质的充分利用和价值增值。因此，在资源的开发和利用过程中，我们完全可以通过仿生自然界的生物链，来延伸资源加工链。这样既能达到资源的合理循环利用和价值增值，又能形成共生的网状生态工业链，从而保证与生态系统和自然结构的和谐适应。

### （五）产业结构演进的客观规律

世界各国产业结构正在向高技术含量、低消耗、无公害、无污染的高度化方向演进。产业的绿色组合、绿色管理、绿色设计、绿色生产、绿色产品，甚至市场的绿色准入和人们的绿色消费，都构成了产业结构演进的巨大合力。绿色经济将成为 21 世纪产业经济的主流。认清产业结构演进规律，适应产业结构演进大趋势，无疑是构筑生态文明的必然选择。

## 三、生态文明的核心价值：和谐

和谐作为生态文明的核心价值理念，不是人为的主观臆造，而是超越工业文明的客观需要，也是生态文明在发展过程中逐渐显露出的品格。在生态文明的框架体系中，和谐所指涉的层面非常广泛，或者说，和谐指的是多层面、多方面的和谐。

### （一）人与自然之间的和谐

人自身的生存发展需要，不能超出生态系统所能承受的阈限，要在尊重生态规律、不破坏自然生态系统可持续性的前提下，组织安排人类的各种活动，并且要努力通过人自身的实践活动来修复破损的自然，真正实现生态良好和生活良好并存的格局。

### （二）世界和谐

人与自然的关系是全人类所面对的共同问题，或者说，是全世界的普遍问题。要改变人与自然的敌对状态，扭转全球生态危机的局面，需要全世界人民的共同努力。当今世界不同国家在利用自然资源和分担生态责任的问题上，要体现机会平等、责任共担、合理补偿，即强调公平地享有地球，把大自然看成当代人共有的家园，共同承担起保护它的责任和义务。而生态危机是单个人、单个国家或民族都无法应对的，所以，必须反对各种形式的利己主义。

阻碍世界实现和谐的主要问题是贫富差距，如果贫富差距不能消除并且愈演愈烈，那么人类在解决生态问题上就很难形成合力。问题是共同的，道路可以是多元的。消除单边主义，确立多元共存、彼此尊重支持的发展格局，是实现和谐世界的必要路径。和谐不是抹杀个性，和谐而又不千篇一律，不同而又不相互冲突。和谐以共生共长，不同以相辅相成。和而不同，是社会事物和社会发展的一条重要规律，也是人们处世行事应该遵循的准则，是人类各种文明协调发展的真谛。

## （三）社会和谐

从社会关系的层面来看，生态问题归根结底是利益问题。任何保护生态环境的行为，都牵涉到一定的利益问题，任何破坏生态环境的行为，也都与一定的利益问题有关。所以，协调和理顺各种社会利益关系，是构建和谐社会的重要条件。生态危机实际上也反映出社会内部所存在的利益矛盾。例如，在利用自然资源和分担生态负担问题上所存在的阶层不公平、城乡不公平、区域不公平等，利益补偿的长效机制没有建立起来，谁受益谁补偿、谁破坏谁治理的基本原则没有得到很好的贯彻。社会和谐还包括构成一个社会的各种要素要合理搭配、密切配合、相互促进，要使得社会的经济建设、政治建设、文化建设、社会建设都能够得到协调发展。

## （四）个人自我身心和谐

工业文明时代空前放大和张扬了物质因素的力量与作用，人与人之间常常被物质力量和利益因素相隔离，人自身丰富的社会生活内涵被剥离掉了，人成为一个个只为物质利益而拼争的封闭的个体，对社会和他人的依赖、对生命意义的省察和沉思，往往让位于对物质利益的疯狂追逐，从而导致人与人之间的矛盾和冲突，而人为了利益的拼争，又必然加剧对自然的伤害。所以，人自身的失衡，也是造成生态危机的重要原因。正如世界著名学者欧文·拉兹洛所说，人类生存的极限并不在于地球的自然资源的限度，而在于人的内心，在于人类对于自己的生活态度、生存方式的选择。因此，生态文明的发展亟须人自身的和谐。

生态文明核心价值范畴的和谐，不是一个空洞的符号，也不是形而上意义上的抽象的道理。就像人类文明的发展在最根本的意义上，是要让文明的成果为所有人占有、分享一样，和谐也必须给人们带来实惠。这就是，创造和谐，是为了提高人的幸福生活指数，让更多的人能够过上幸福生活——共同栖居于地球这个人类共有的家园，共同分享社会资源，共同体验广泛的交往和沟通所带来的乐趣，并且拥有丰富而健康的精神生活。

## 四、生态文明发展的基本特征

原始文明、农业文明、工业文明对生态的保护，大都处在自在的被动状态，那么现代的生态文明发展，则处在自为、自觉的能动状态。从自在的被动到自为、自觉的能动是一个历史性的重大飞跃，有着鲜明的特征。

### （一）审视的整体性

传统的工业文明所关注的重点，是工业经济快速发展。从创造物质财富的角度去看，这是正确的、必要的。但是，其致命的弱点是，不顾地球生态圈大循环的整体、全局，忽视环境容量和自然生态的承载力，以致陷入环境恶化和发展不可持续的困境。

而现代生态文明，则既保持了工业文明的优点、长处，又克服了它的弱点和不足。生态文明理念所强调的是，坚持以大自然生态圈整体运行规律的宏观视角，全面审视人类社会的发展问题。将人类的一切活动都放在自然界良性运行的大格局中考量，按照自然生态规律办事。

## （二）调控的综合性

传统工业文明时代形成的经济学、社会学、人文和自然科学，的确硕果累累，为经济增长和社会进步做出了巨大贡献，但其最大的弱点则在于，独立分割，切断了相互间固有的内在有机联系，呈现各展其长、各行其是的格局。其结果：一是导致整个自然生态与人类社会经济运行的大循环，难以统筹谋划、正常有序实现，带来种种顾此失彼的失衡现象，造成资源巨大浪费，影响其潜在生产力的开掘；二是孤立的不同学科研究的局限性，容易陷入不同形式的片面性、表面性、主观性、盲目性，最终导致人口、资源、环境与经济、社会、民生之间的发展不协调、不平衡，甚至形成恶性循环，使其不可持续。

生态文明科学的显著特点，是集生态学、经济学、社会学和其他自然、人文学科之大成，使其成为一门新兴综合学科。这些新兴学科的交叉、联结和组合，不是多学科的简单相加，而是生态系统、经济系统、社会发展系统等诸多方面内在地结合起来，进行大跨度、复合型的综合性研究，用来分析、解决传统工业文明向现代生态文明转变中的一系列重大实践和理论问题。这种立足于大自然与人类发展全局的综合性研究，能够准确观察、判断整个人口、资源、环境、经济、社会、民生等的总体结构及其运行状况，找出诸多运行链条中长与短、强与弱，从而提出恰当的优化对策，达到"全面、协调、可持续发展"的预想目标。

## （三）物质的循环性

能量转化、物质循环、信息传递，是全球所有生态系统最基本的功能和构成要素。实践证明，发展循环型生态经济和清洁生产，使经济活动变为"资源—产品—废弃物—再生资源"的反馈或循环过程，是生态文明理念的重要体现，也是有效消除传统工业化"资源—产品—废弃物"这种简单直线生产方式病的有效举措。循环型生态经济，既可以大幅度提高经济增长质量、效益，培育新的经济增长点，又能从根本上节能降耗减排，做到"资源消耗最小化、环境损害最低化、经济效益最大化"。

### （四）发展的知识性

传统工业化的完成主要靠资金、资源、环境、民生的高投入、高消耗，在创造巨额财富的同时，付出了过大的资源环境代价。而生态文明时代的经济发展，则主要靠智力开发、科学知识和技术进步。科学技术真正变为"第一生产力"，人才资源成为"第一资源"，并转化为人力资源。

## 第二节　生态文明发展模式的总体要求

走向生态文明，对于整个世界来说，是一段必经的航程，也是人类作为一个整体最终要抵达的目标。无论是从纠正工业文明的偏失，还是从生态文明的内在要求来看，生态文明的发展所涵盖的内容都是非常丰富的，世界上无论哪个国家和民族要发展生态文明都必须做出努力。

## 一、发展生态文明要把实现人与自然的和谐作为立足点

从显性的层面来看，工业文明发展所带来的最大缺陷，就是造成了人与自然之间关系的紧张，文明成果的积累是建立在过度消耗自然资源的基础上的。这种状况使得人类文明的持续性面临威胁，也使得人类自身的生

存受到威胁。所以，修复人与自然的关系，也就是修补工业文明的缺损，而这是发展生态文明所必须突出的方面。

## 二、生态文明的建设需要一个整体的支持系统

在人类的文明体系中，人与自然的关系并不是孤立的，它与其他因素也都存在着千丝万缕的联系。所以，一个整体的支持系统是必需的。这个支持系统概括来说，就是要有生态化的物质基础、生态化的动力支柱、生态化的能量转换平台、生态化的规制机制和生态化的价值导向目标。

### （一）生态化的物质基础

生态化的物质基础所强调的就是要建立生态化的产业体系。这里主要是指，经济发展的方式、产业的基本布局、经济发展的计量标准等方面，都要符合保护环境的基本要求。

### （二）生态化的动力支柱

生态化的动力支柱所强调的就是要建立生态化的科技体系。尽管在工业文明时代，科学技术的发展和应用，对于增强人类改造自然的能力起到了巨大作用，但是，生态文明建设不能因噎废食，仍然要依赖科学技术的进步来修补已经破坏了的人与自然的关系，只是科学技术的发展要受到正确的指导，使其成为生态文明发展的重要支柱。

### （三）生态化的能量转换平台

生态化的能量转换平台强调的就是要建立生态化的消费体系。人类的消费活动涵盖面非常广泛，衣食住行都是消费行为，生老病死都牵涉消费问题，而所有的消费活动的完成在最终意义上都会指向自然界，即要通过

与自然界的能量转换来完成整个消费活动。要保护生态环境、协调人与自然的关系，必须使人们整体的消费水平和消费方式，保持一种合理的层级结构与水准，使消费活动成为促进人与自然协调发展的中介。

### （四）生态化的规制机制

生态化的规制机制所强调的就是要建立生态化的管理体系。生态文明发展不是自发的个人行为，而是有计划、有步骤实施的社会实践活动，因此，必须纳入整个社会的管理体制之中。要重视人与自然的共同成长，重视人与人的共存共处；重视整体，强调沟通；正视差异，强调包容；重视个体在整体中的适应性和个性的发挥等。

### （五）生态化的价值导向

生态化的价值导向目标所强调的是要建立生态化的文教体系。马克思曾经说过，历史的发展是为了人并通过人而完成对人的本质的真正占有，那么，生态文明的建设也要通过人来实现，并且也要以人的发展完善为目标。而要完成这样一个过程就必须形成相应的文化教育体系，以完成对人的教化和价值引导。人是历史的创造者也是历史的剧中人，人是文明的建设者也是文明的产物，每一种文明形态都会通过教化塑造出相应的人格模式以获得文明发展的主体条件。而生态文明发展必然把人的教化问题凸显出来，所以建设相应的文化价值系统，引导人们形成与生态文明相匹配的价值观念、行为模式、意志品质是十分重要的任务。

# 第三节　生态文明发展模式的实现路径

生态发展文明时代的基本特点，主要表现为社会经济产业结构、增长方式和消费模式，都建立在节约能源、资源，以及保护生态与环境基础之上，区域生态发展规划符合客观实际的要求，环境质量适合人类生态和发展的需要，生态文明观念在全社会牢固树立。这种良好状态并不是一劳永逸的，而是建立在不断研究、调节和维护的基础之上。

要发展生态文明，下列几个方面是比较重要的。

## 一、国家发展战略在宏观层面上要坚决推行生态发展战略

国家发展战略在宏观层面上要坚决推行生态发展战略，抓住一些关键问题，从长远性、综合性和全球性角度来分析规划，像黄河三角洲高效生态经济区与山东半岛蓝色经济区两大国家战略的确立和未来在东营市规划发展生态特区等。

## 二、保护生物多样性

生物多样性保护和利用，要确保不同区域乃至全球范围持续和公平的管理，因为生物多样性是人类赖以生存和发展的物质基础，人类的未来通过它所提供的产品和效益，与地球生命保障系统密切联系着。

第一，管理和监控部门应通过不同途径，让决策者和广大公众认识生物多样性的价值，为它的保护与持续利用制定适当的战略规划和具体行动计划。第二，加强对驱动生物多样性变化因素的监测和分析。驱动生物多样性变化的因素很多，有自然的因素，更多的与人类本身的生产和生活活动影响有关。例如，气候变化与极端天气事件、生境退化与碎化、自然资源利用、物种引进和排除、环境污染、人口增长、政策和体制、文化价值、性别差异和不平衡，等等。它们既有正面的作用，也有负面的影响，关键在于人们是否善于运用和控制。要根据对它们的监测和分析，把它纳入有

关气候变化和经济发展的政策和实践的规划中统一考虑，包括有关减缓和适应气候变化政策应考虑到从地方到全球范围生物多样性的持续利用问题，以及制定实施减缓和适应气候变化影响的自然资源管理政策和策略。第三，为了人类福祉，维护生物多样性。当前，耕地土壤肥力下降、天然森林面积日益缩小、大面积草原开垦和过度放牧、荒漠化土地扩展、渔业枯竭、大气、水域和土壤污染、极端天然事件频繁发生和其他环境恶化等，使生物多样性满足人类需求的能力降低，造成贫困加剧和人类安全缺乏保障。为此，应把环境安全问题纳入发展战略中，要求发展的政策和策略应明确支持弱势群体和贫穷的利益相关者，特别是妇女，使其能为改善人民的生计持续地管理生物多样性。同时，可持续的环境管理要减缓生物多样性的破坏和分配不公。

## 三、自然化改造能源系统

充分发挥自然能量系统的作用，实施生态上持续、社会上公平和经济上高效的能源战略。当前，既要扩大利用可再生的能源（如风能、太阳能、地热能、潮汐能和生物能等），也不能排除不可再生的能源（如煤炭、天然气和石油等）。生物多样性也能提供能量效益。例如，水力发电的水流和生物能量的生物物质。核电站也要水来冷却，从焦油砂提取可用燃料也耗费大量的水，没有哪一种能源是完全不对生物多样性产生影响的。可惜，生物多样性对能量系统提供的各种产品和效益，很少得到能量生产者和消费者的真正认识。能量的选择要充分根据各地的实际情况认真权衡来考虑，不能一概而论。要加速向生态上可持续、社会上公平和经济上高效的能量系统过渡。同时，要充分利用最好的工艺技术和监控安排。为此，能量改革和策略要考虑减少日益增长的能量需求对生物多样性的影响，把提供可持续和公平的能量为基础的生物多样性，纳入能量政策和策略中去统一考虑。

## 四、向生态城乡和生态产业的绿色方向转变

遵循绿化世界经济的目标，把生物多样性纳入经济政策、财政和市场中去统一考虑。当今的经济建设都未能积极支持生物多样性的持续管理，主要原因是未能真正认识它的价值。所以，必须让决策者和广大公众了解实际情况，使经济政策和市场大力支持生物多样性的保护，开辟生物多样性保护新的资金来源。在各级政府机构和公私企业内部加强能力建设，以评估和降低不利的环境影响，利用经济激励努力把环境价值纳入经济价值和市场中去考量。要更好地做到把经济贸易和投资政策把生物多样性价值结合起来，公司行业协会和消费者集团，要把生物多样性保护价值纳入规划和行动计划中统筹安排。

## 五、建立完整的立法体系，确保生态发展战略的实施

生态发展文明时代的目标，最主要的是要做到现代化与自然共存、经济建设与生物多样性和文化多样性保护共存。为此，必须要有完整的立法体系予以保证，只着眼于局部，孤立地制定规章和立法，难以达到预期的目标。自然是一个综合的整体，所以，要全面考虑制定自然保护法、生物多样性保护法、保护区法、受威胁物种保护法、生物入侵防治法、生物安全法、可再生能量法、生物资源管理条例、退耕还林还草还湖条例和有关生态补偿若干规定等，只有对自然保护领域的各种问题进行思考和立法设计，才有可能逐步完成这项艰巨的任务。

# 六、加强生态教育，促使生态文明在全社会牢固树立

在生态发展文明时代，要求公众具有较高的生态意识。所谓生态意识，简而言之，就是对地球生态系统发展规律的认识，从而保证生物多样性及其他自然和文化资源的持续利用，以满足社会生产发展和人民生活的基本需求。工业社会滥用资源的严重后果已经引起人们普遍的关注。这意味着在讲生态文明的基础上产生了先进观念，是人类意识的一次伟大的觉醒。

一个国家的国民是否具有自觉的生态意识，将直接影响到该国现在与未来的发展。生态问题是当今世界最重要的问题之一，造成环境恶化、资源枯竭的原因很多，但最根本的一条就是无知、不学习、不研究，或者即使稍微知之，但只着眼当前利益，不顾后果，一句话，生态意识太差，直至受到自然的惩罚才觉醒则为时已晚。

生态意识是一种先进的观念，不是一朝一夕就能形成的，特别是建立全民性的自觉意识，更不容易。意识是与物质条件密切联系的，没有一定的物质条件，空谈意识也会落空，当然，不能以此作为借口来宽恕自己，一定要具有超前意识。当今时代已完全有条件追求现代化与自然共存、经济建设与生物多样性及文化多样性保护共存的目标，主要通过开展生态教育，来提高广大公众探索自然和社会发展规律的科学精神和实事求是的科学态度，克服急功近利的实用主义，向全民普及生态和环境知识，鼓励公众关心公共利益和长远利益，强化生态意识，依法惩处破坏生态和环境的行为。可通过校内教育、社会教育、总结正反两方面实际事例的经验教训，利用不同形式的各种媒体宣传示范，使不同年龄和职业的人群都来关心生态和发展问题，效果将是明显的。

# 第四节  工业文明到生态文明的转型

## 一、工业文明是生态文明的基础

尽管作为两种不同的文明形态，工业文明与生态文明在诸多方面有着本质的不同，但是，我们必须看到，人类文明的历史是一条连绵不断的长河，每一种新的文明形态，都是对前一种文明形态的扬弃。生态文明是从对工业文明的反思中建立起来的，它直接脱胎于工业文明，这就注定了两者之间有着千丝万缕的联系。生态文明对于工业文明既有否定，也有承续。对于工业文明时代关于人与自然关系的观念，我们要认真清理。但是，对工业文明所创造的发达的物质成果、先进的科学技术及一些法律法规，我们必须有选择地肯定和继承。只有借助于工业文明创造的这些优秀成果，生态文明建设才能又好又快地发展。

### （一）工业文明为建设生态文明奠定了物质基础

物质成果是人类文明的一个重要组成部分，也是人类文明进步的重要标志之一。它不仅表现为人们物质生活的改善，还表现为物质生产的进步。工业文明对人类社会最大的贡献就是创造了丰硕的物质成果。它所创造的财富，超过了过去一切文明所创造的财富的总和。

在工业文明时期，人类改变了农业文明时代分散经营、自给自足的经济模式，代之以资金、技术、人力和生产资料高度集中的大规模商品化生产，生产效率有了很大的提高，从而使得社会财富以指数的形式增长。社会财富的极大丰富，促进了人们生活水平的快速提高。

工业文明创造的物质成果为生态文明的建设奠定了坚实的物质基础。

生态文明是人与自然共同生息，生态与经济共同繁荣，人、经济、社会与自然的全面协调发展的现代文明。它不是摒弃了物质文明，相反，它是建立在高度发达的物质文明的基础之上的。工业文明所创造的物质成果，一方面，为建设生态文明奠定了生活基础，另一方面，又为建设生态文明提供了生产基础。

美国著名心理学家马斯洛将人类的需要分为五个层次：生理的需要、安全的需要、归属与爱的需要、尊重的需要及自我实现的需要。其中，生理需要，如吃、穿、住、行等是人类最基本的需要，也是最强烈、最迫切的需要。只有当这些需要获得满足后，人类才会产生更为高级的需要。原始文明和农业文明都曾出现过生态危机。这些危机的范围虽然没有当代生态危机大，对人类社会的影响也没有现代生态危机深刻，但是，它们的确对当时的部分地区产生了相当重要的影响，有时甚至导致文明的消亡，如西方的玛雅文明的灭亡就是如此。而且那时早就有智者提出过要注意人与自然的关系，古希腊思想家亚里士多德提出了自然是目的的观点，我国早期的思想家老子也提出过著名的"天人合一"的论断，这都告诫人类，要注意维护人与自然的平衡。但是，那时为什么没能提出要建设生态文明呢？主要原因还是那时人们的基本生活没有得到保障。由于科学技术的落后，加上频繁的战乱，绝大多数人处于衣不遮体、食不果腹的状况。对于这些缺衣少食的人来说，吃饱穿暖才是他们的第一需要。只有当这些需要得到满足之后，他们才会考虑其他更高层次的问题。很难想象，当人们处于饥寒交迫的时候，他们还会对大自然的承受力有所顾虑而放弃本可以得到防寒和充饥物品的生产活动。

生态文明是人类社会迄今为止最高级的文明形态，它的建设也必定要以人们的基本生活得到保障为前提。工业文明创造的丰富的物质成果，正好为人们的生活提供了保障。在这种情况下，人们才会关注生态问题。这就是说，建设生态文明必须以工业社会现有的物质成果作为生活基础。离开了这个基础，建设生态文明就会成为一句空话。

建设生态文明不是号召人们回到原始文明阶段，而是要通过发展走科技含量高、经济效益好、资源消耗低、环境污染少的发展道路，统筹经济增长和生态保护，实现良性循环。要把发展与生态保护紧密联系起来，在保护生态环境的前提下发展，在发展的基础上改善生态环境，做到经济发展和生态保护两不误。因此，建设生态文明，不是要人类消极地回归自然，而是积极地与自然实现和谐，实现人类与自然的协调发展。

要发展就离不开物质资料的生产，而物质资料生产又离不开必要的物质条件，包括土地、机器、设备、厂房、工具、燃料、原材料、辅助材料等生产资料。工业文明的机器化大生产留下了大量的厂房、设备等生产资料，这是进行生态生产，建设生态文明的生产基础。

然而，与工业文明不同的是，生态文明的生产主张以循环生产模式替代线性增长模式，根据资源输入减量化、延长产品使用寿命、使废物再生资源化等原则，把经济活动组织成一个"资源—产品—再生资源—再生产品"的循环流动过程，以最小的资源和环境成本，取得最大的经济社会效益。这就意味着生态文明并不是要全盘继承工业文明的这些生产资料，对于其中落后的、造成重大污染的机器设备，要予以改装甚至完全抛弃。工业文明时代，科学技术得到了迅猛的发展。经过三次科技革命的洗礼，科学技术渗透到人类生产与生活的各个方面，推动了人类文明的进程。"科学技术为近现代社会带来了巨大的生产力，极大地提高了人们的物质生活水平和物质文明程度。"历史上"没有一种别的文化像科学那样，对近现代社会和文明产生如此之大而深远的影响，以致我们可以毫不夸张地说，没有近现代科学就没有近现代这样的时代，没有近现代科技文化的弘扬就没有近现代的社会文明"。

生态危机的出现，使人们对工业文明所创造的科技多加指责。不少人认为它与生态文明相冲突，是工业文明时代给人类带来灾难的罪魁祸首。

鉴于此，建设生态文明应该抛弃工业文明时代的科技。事实上，科学技术是现代文明的核心，是推进社会全面进步的事业，这是毋庸置疑的。"在某种意义上，把地球上所有的社会进步归功于科学是很显然的"这种说法虽然有点儿偏激，但却不无道理。科学技术在人类社会发展与变革中功不可没，是人类文明进步的最主要的动力之一。正如乔治·萨特所指出的："科学是我们精神的中枢，也是我们文明的中枢。"

物质生活的丰富是建设生态文明的前提条件，而这又离不开工业文明所创造的科技。

一方面，建设生态文明，需要在继承工业文明科技的基础上，进一步提高劳动生产率，创造出更多的财富，为生态文明建设打下坚实的物质基础。当前，社会财富的增多在很大程度上得益于科技的进步，提高了劳动生产率。而劳动生产率的提高，则意味着在相同的时间内可以生产出更多的产品，从而满足人们的生活需求。

另一方面，借助工业文明所创造的科技，还能进一步丰富人们的物质生活。例如，在农业领域，人们可以通过科学技术对农作物进行改造，以此来提高农作物的产量，以满足更多人的生活需求。

### （二）工业文明为生态思想的传播提供技术支持

建设生态文明的前提是生态思想的确立，而生态思想的确立及传播，同样依赖于工业文明所创造的科技。

首先，生态思想的形成，离不开工业文明时期所形成的系统科学。任何思想的形成，必定有其特定的科学背景。系统论要求整体地考察事物的各个方面、各个因素，全面了解组成整体的各部分之间，以及部分与整体之间的关系。这就既要把事物作为许多相互作用着的部分来综合考察，又要把它作为更大整体的一部分来考虑，还要把它和环境联系起来进行思考。系统论的核心思想是整体观念。其创始人贝塔朗菲强调，任何系统都是一个有机的整体，它不是各个部分的机械组合或简单相加，系统的整体功能是各要素在孤立状态下所没有的新质（整体大于部分之和）。其基本思想方法就是把所研究和处理的对象当作一个系统，研究系统、要素、环境三者的相互关系和变动的规律性。系统科学的发展促成系统及整体思维方式的形成。生态思维正是以系统论为基础，将自然界看作是一个有机的系统整体，将人类看作是这个整体中的一部分，并注重人与自然环境之间的整体协调关系。

其次，工业文明时期所创造的先进技术，如卫星技术、计算机技术及先进的实验设备等，为生态思想的形成提供了科学基础。生态思想的形成，除了有其特定的科学基础以外，还必须要有大量的事实材料作为证明。人们必须对当前的生态现状有个清醒的认识，才会真正意识到建设生态文明的必要性与紧迫性，从而投身到建设生态文明中来。这些事实材料的收集离不开工业文明时期创造的一些先进科技。人类可以运用科学进行基本的生态过程研究，可以利用现代化的技术，如遥感装置、机器人检测仪器，以及计算机来收集和分析数据并进行过程的模拟，通过上述技术预测生态环境变化的规律。"没有人造卫星进行宇宙考察、收集资料，人类就不能迅速、全面、系统地了解和掌握全球性的环境状况；没有技术提供的各种高精密监测仪器和现代分析技术提供的实验手段和物质条件，便无法分析大气、水质、土壤的污染状况，也无法知道它们对生态的影响。"而人造卫星技术、各种高精密监测仪器及实验手段和物质条件等，都是工业文明的产物。

再次，生态思想的传播同样也依赖于现代化的传媒科技。最初具备生态思想的人只会是少数的专家学者，他们的觉醒不足以改变整个人类文明的方向。建设生态文明是全人类的共同事业，它需要生态思想的广泛传播。只有广大群众都具备了生态思想，他们才会主动地加入建设生态文明的事业中来，而要使生态思想真正成为大众思想，就必须进行广泛的传播。这就要借助工业文明所形成的传媒技术。广播、电视、报纸、杂志等传统媒体自不必说，近年来，网络技术的发展，使生态思想的传播更为快捷。通过媒体的倡导，公众对生态与环境有了更全面的认识，绿色和生态的理念日渐深入人心。

## （三）工业文明为生态文明提供法制保障

建设生态文明是一项复杂的社会系统工程，它需要法律来保障。尽管作为一种全新的文明形态，它需要新的法律与之相适应；但是，这并不意味着它要完全抛弃工业文明时期的法律。生态文明建设应在修正、完善工业文明时期法律的基础上，继承其合理的成分。

任何一项建设，都离不开相对稳定的社会环境。建设生态文明是一个复杂的系统工程，同样也需要一个稳定的社会环境。这个环境的形成，一方面，需要政策的指引，以便统筹兼顾，实现社会和谐；另一方面，也需要法律的强制手段来实现，工业文明法律的基本功能就是维护社会的稳定。它通过强制性的手段，对那些危害社会正常秩序、危害生态文明建设的少数分子或集团予以打击，从而维护生态文明建设的顺利进行。

建设生态文明也必定会危及部分企业和个人的利益。尽管建设生态文明已得到全世界绝大多数人的认可，但是，由于生态生产需要清洁的能源，需要对原有的生产线进行改造甚至完全置换，需要关、停、并、转污染企业，这必然会危及这些企业的利益。一些企业或个人往往置国家的法律法规于不顾，继续干着破坏生态环境的事，以此谋求巨额的利润。此外，还有社会治安恶化、贫富差距拉大等，这些都对生态文明建设提出了挑战。工业文明时期的法律，则为社会的稳定提供了保障。它大力打击违法犯罪活动，为生态文明的建设撑起了一片晴朗的天空。

由于生态文明是与工业文明不同的文明形态，因此，我们不能完全照搬工业文明的法律条款。但是，工业文明业已形成的民主、平等、依法办事等法律思想已深入人心，这为建设生态文明及实施新的法律奠定了良好的基础。

当前，生态破坏严重，这已成为全球性的重大问题。建设生态文明，将会有更多的关注生态、关注环境的法律出现，并与生态文明建设相呼应。在我国，为更好地进行生态文明建设，循环经济法等一系列有利于环境保护的法律、法规都相继出台。它们将生态文明的理念内化于法律的价值和原则，并做出具体的规范，违反这些规范的个人或团体将承担相应的责任。这些法律的实施，同样也必须秉承平等、依法办事的原则。在建设生态文明的过程中，任何个人和团体的行为一旦危害到环境，违反了保护生态的法律，都必须受到法律的严惩，不能有丝毫的例外。同时，执法者在处理危害或破坏环境事件的过程中，要严格依法办事，努力维护法律的尊严，使与环保相关的法律真正落到实处。如果不能做到这一点，所有关于环境保护的法律都将会是一纸空文，建设生态文明也就会仅仅停留于口号。只有通过这种外在行为模式规范的引导，使人们达到内心的认同，最终才能使生态文明的理念深入人心。

## 二、生态文明是工业文明发展的必然结果与最高境界

工业文明基于这样一种哲学理念，即认为人与自然分离、对立，人高于自然，自然资源和生态环境只是满足人类需要的工具，崇尚人类"统治自然""做大自然的主人"，把满足人们不断增长的物质需要看作是唯一目的。在这种传统的工业文明价值理念的驱使下，经济至上主义横行，自然资源和生态环境遭到了不同程度的破坏。然而，在人与自然的对立中，大自然也在以生态规律作用的形式对人类实施报复和惩罚。全球性的生态环境危机，突出表现为森林锐减、土地退化、淡水匮乏、酸雨和温室效应加剧、人口增长、能源危机。在这样的背景下，发展模式是难以为继的。这种把

GDP 的增长放在绝对的中心地位，只注重经济上的投入产出而不顾生态的可持续性的理念，是一种片面的、不科学的发展理念。

生态文明是在扬弃工业文明基础上的"后工业文明"，是人类文明演进中的一种崭新的文明形态。生态文明建立在把"人—社会—自然"看作是一个辩证、发展、整体的生态科学世界观的基础之上。生态文明是在合理继承工业文明的基础上，用更加文明与理智的态度对待自然生态环境，反对野蛮开发和滥用自然资源，重视经济发展的生态效益，努力保护和建设良好的生态环境，改善人与自然的关系。生态文明下的发展，不仅是工业和经济的发展，也是生态环境的发展；生态文明下的进步，不仅是社会的进步，也是人—社会—环境系统的整体进步。

作为两种不同的文明形态，生态文明与工业文明在诸多方面有所不同。从哲学的角度来看，它们的区别主要体现在自然观、内在价值观、技术观、消费观和发展观等几个方面。

## （一）从工业文明的机械论自然观到生态文明的有机论自然观

"观"是指人们对事物的认识、看法或态度，它潜移默化地指导着人的行为与行动。自然观"是人们认识自然、对待自然、处理人与自然、人类社会与自然环境之间关系的基本观点和基本看法"，其核心问题是，如何看待人与自然的关系，以及人在自然界中的地位。任何时代的自然观，都是在一定的历史文化背景下形成的，尤其与当时的自然科学发展水平密切相关。自然观决定着人对自然的看法和态度。

工业文明时期，人们把自然当作是人类征服的对象，并把自然界看成是一成不变的东西，这时的自然观是机械论自然观。机械论自然观在帮助人类认识自然与改造自然等方面，确实功不可没。但它不能系统、整体地看待自然，忽视了地球是一个生命系统，人类是该系统的一个不可分割的有机组成部分。在机械论自然观的指导下，自然界被看作是为着人类的目的而存在的存在物，人类可以统治和任意地支配自然。这样一来，人们以前对自然虔诚敬畏的态度荡然无存，取而代之的是某种程度上的狂妄和自大。对自然的任意剥夺和践踏，使现代人类社会危机重重。

与工业文明的机械论自然观不同，生态文明的自然观是有机论的。这是因为它把包括人类在内的整个自然界理解为一个统一的有机整体。人类作为自然界的一分子，既不可能超脱于自然之外，更不可能凌驾于自然界之上，而是存在于自然界之中，并与自然界中的其他物种处于平等的地位；同时，它认为大自然有其自身的演化规律，而自然各部分之间的联系是有机的、内在的、动态发展的。因而，人对自然不可能做出完全客观而又绝对准确的描述，对自然的认识过程也只能是一个逐步接近真理的过程。所以，在生态文明时代，人类在自然面前将保持一种理智的谦卑态度。人们不再寻求对自然的控制，而是力图与自然和谐相处。

首先，在人与自然的关系上，生态文明强调自然界的系统整体性。与机械论自然观将人与自然对立不同，有机论自然观用系统整体的眼光看待世界。它把自然界看成是一个有机联系的整体，认为自然界孕育了万物，但它们之间绝非是相互独立、互不干涉的，而是一个统一的整体，人类也是自然界的有机组成部分。自然界的各个组成部分，包括人类都是相互作用、相互依存的；整个地球也是一个有机系统，其中的有机物、无机物、气候、生产者、消费者之间时时刻刻都存在着物质、能量、信息的传递与交换。每种成分、过程的变化，都会影响到其他成分和过程的变化。

其次，对自然的认识上，生态文明强调自然界演化的不确定性。有机论自然观认为，自然界的演化发展并不是像机械论自然观所认为的那样，受某种数学原则的支配，通过相应的数学计算，就能够对其演化做出精确的描述。相反，它是一个动态的过程，其中既有必然因素的作用，也有偶然因素等不确定因素的作用。我们不能忽视自然演化过程中的偶然因素的作用。世界是必然性和偶然性相互作用的结果。因此，事物的发展带有不确定性。

再次，方法论上，生态文明强调系统整体思维。由于用分析还原的方法看待自然，在工业文明时代，人们无视自然的系统整体性，结果造成自然资源枯竭，生物多样性的减少，生态平衡受到破坏。生态的有机论自然观，则能充分认识自然万物自身的共生共荣及人与自然的相互依赖性。在改造自然的过程中，它注重保护生物的多样性，强调人与自然的和谐统一。

总的来说，生态文明有机论自然观认为，人类不应把自然放在人类利益的对立面，而应在与自然和谐相处的基础上，利用与改造自然，从而达到人与自然的可持续发展；人类不应只关心自身的发展，还应关心自然界的命运与发展，把人与自然协调发展作为一项基本的道德准则。因此，人类在对自然利用和改造时，必须以保证整体生态系统的动态平衡为前提，以不破坏自然界的物质循环、能量流动和信息传递为限度，在开发、利用自然的同时，还要爱护自然、保护自然、补偿自然。

### （二）从工业文明否定自然界的内在价值，到生态文明肯定自然界的内在价值

通常我们所理解的价值是一个关系范畴，它标志着客体对于主体需要的满足。当客体的客观属性及其功能恰好能满足主体需要的时候，两者就构成了价值关系，我们就说这个客体对我们是有价值的。这时的价值是一种外在价值或工具价值。

自然界的外在价值是指，自然界对人和其他生命的有用性或它作为他物的手段或工具。它不仅为满足人类生存和发展的需要提供必要的基础，而且为满足其他生命生存和发展的需要提供必要的条件，从而维持地球基本生态过程的健全发展。

除了外在价值，自然界还有内在价值或非工具性价值。按照余谋昌教授的说法，这种内在价值就是："它自身的生存和发展，为了生存这一目的，

它要求在生态反馈系统中，维持或趋向于一种特定的稳定状态，以保持系统内部和外部环境的适应、和谐与协调的价值。"

这里，自然界作为生命共同体存在于宇宙环境中，它是一个自我维持系统。它按照一定的自然程序或自然规律，自我维持本身的不断再生产，从而实现自身的发展和演化。

工业文明在价值观上的最大特点就是否认自然界的内在价值。首先，它把人看作是大自然中唯一具有内在价值的存在物，人以外的存在物都无内在价值，只具有工具价值，只是人类为满足自身的需要与欲望而改造与征服的对象，它的价值只是人类主观感情在自然身上的投射，是以人的好恶和需要为依据的。

由于否认自然界具有内在价值，人们在处理主体与客体、人与自然关系问题上，只看到了人的内在尺度（人的目的、需要和利益），而忽视客观事物本身的外在尺度，无视客观事物本身的存在及其运行规律；它割裂和歪曲了人与自然、主体与客体的有机联系，割裂主观与客观的辩证统一，把自然看作是与人相对立的存在物，一种为我所有之物，于是就采取征服的态度去研究和开发它，使之满足自己的需要。依据这种思想，人们凭借科学技术的力量，大规模地对自然界进行掠夺式的开发利用，无所顾忌地排放废弃物，而不管自然界能否承受得起。

与工业文明只强调自然界的工具价值而否认内在价值的观点不同，生态文明不仅看到了自然界的工具价值，更重视自然界的内在价值。在生态文明价值观看来，自然界是工具价值和内在价值的统一。内在价值是整体价值的一部分，它通过系统资源与工具价值联结在一起。"生态系统是一个网状组织。在其中，内在价值之结与工具价值之网是相互交织在一起的。"我们不仅应当承认自然实体的外在价值（工具价值），更应当承认自然具有外在于人类的内在价值。自然并不仅仅为人类而存在，它在人类产生之前就已经存在，而人类只是自然孕育出来的一个物种而已。因此，自然的价值并不是人类赋予的，而是它们本身所固有的，自然的存在本身就是一种价值，它具有天然的生存和发展权利。人类必须与自然平等和谐相处。

首先，肯定自然的内在价值有助于正确认识人与自然之间的关系。肯定自然及其所创造的一切生命都有各自的价值及生存的权利，就会克服人类沙文主义和物种歧视主义，尊重大自然中的所有生物。人类和地球上的其他生物物种一样，都是组成自然生态系统的一个要素，都是自然生物链中的一个环节，它们相互影响，相互依存。这样就把人看作是自然的一部分，认识到自然界不是人类的敌人，而是人类的伙伴和朋友。在地球这样一个巨大的有机生态系统中，人和自然物都是其中不可或缺的组成部分，人与自然是协调统一的。人类一旦侵犯或破坏了这种不被人感知的价值，整个生态系统将会由此失去动态的平衡。

其次，有助于改善自然环境，促进人与自然的和谐共处。承认自然界具有内在价值，将道德对象扩大到自然界，在实践上就必须自觉履行人类对自然的道德义务，调整人类改造自然的方式，使人类在认识自然规律的基础上，去获取人类生存和发展必需的物质资料，从而维护自然生态平衡的基础。只有承认自然物及其他生命物种的内在价值，才有利于人类尊重生命，善待大自然，积极承担人类对大自然的道德责任和义务，维护生态系统的平衡和健康运行。这样，才有助于改善自然环境，促进人与自然和谐、可持续发展。

## （三）从工业文明的征服型技术观到生态文明的和谐型技术观

技术观是人们对技术的总体看法和根本观点。孟庆伟在《技术学辞典》中撰写的"技术观"词条是这样解释的："对技术的总体看法和观点。包括对技术本质、特征的认识，关于技术在社会中的地位和作用的认识。技术发展与其他社会因素的认识，技术与技术之间的关系或者技术的体系与结构问题的认识，以及对于各种新兴技术的评价等。"技术观受自然观和价值观的支配，有什么样的自然观和价值观，就有什么样的技术观。技术观在具体的技术实践活动中形成，反过来，又对人们的技术实践活动起指导作用。技术观还是一个历史性范畴，不同时代有不同的技术观。

在工业文明时期，由于认为人是唯一的主体，其他万物都是为人而存在，并由人所主宰的客体，技术就成为人类征服自然的武器。凭借先进的技术手段，人就可以统治自然、肆意干预自然，对大自然进行不顾后果的掠夺和征服。这样，就形成了征服型的技术观。它完全忽视了人与自然、技术的持续发展的文化、道德基础，忽视技术发展的伦理原则，严重割裂了技术和社会、技术和伦理、技术和生态、技术发展和人的全面发展之间的有机关系，破坏了生态环境及社会发展的有机性与整体性，从而使人类身处危机四伏的境地。

生态文明的目标是实现人与自然的和谐。因此，在技术发展与应用的过程中，它非常重视技术对环境的影响，这时的技术观是和谐型技术观，具体来说，就是指"以人为本，强调技术与人、经济、自然和社会之间的协调均衡、互动中实现各子系统及整体和谐的技术价值观"。和谐型的技术观在利用技术有效地改造自然的同时，更注重人、技术、自然、社会之间的协调均衡。

首先，追求人与自然的和谐。与征服型技术观追求经济利益最大化不同，和谐型技术观强调在追求经济利益的同时，要注重技术的应用和发展与生态环境相协调，努力改善人与自然的关系，追求人与自然的和谐。它不仅注重经济的发展，更注重保护环境，节约资源，使技术的使用不造成生态环境的破坏和污染，并且还能够对生态环境有进一步的优化作用。它把人的经济活动和生态环境作为一个有机整体，追求的是自然生态环境承载能力下的经济持续增长。

其次，将生态指标纳入技术的评价体系。受技术目的的影响，和谐型技术观不以经济效益作为评价技术的唯一标准，而是强调社会、经济、生态等诸要素的相互协调与和谐发展。因此,在技术评价活动中,它要求将生态指标纳入评价体系,全方位、多角度地来评价技术,既要评价技术的经济效益,更要考虑技术的生态效益。

再次,强调技术的工具理性与价值理性的统一。与征服型技术观不同,和谐型技术观不仅仅强调技术的工具理性,它更注重其价值理性,努力追求工具理性与价值理性的统一。技术推动的生产能力和消费能力几乎是无限扩大的,而生态资源、生态系统的承载能力和生态系统维持平衡的能力则是有限的。正因为如此,和谐型技术观要求人类在利用技术为人类造福的同时,更应该用伦理的眼光来看待技术,在遵循自然规律的基础上发展技术,从而实现人、自然与社会的协调发展。

### (四)从工业文明的消费主义消费观到生态文明的生态消费观

消费观是指人们对消费水平、消费方式等问题的总的态度和总的看法,是消费者对消费内容、消费目标、消费方式和消费模式等涉及整个消费活动诸因素的一种价值判断。

作为一种观念,消费观是社会经济现实在人们头脑中的反映,但是,它一旦形成,又会反作用于社会经济,并对其产生深刻而重大的影响。农业文明时代的消费观,基本上就是对消费本意的具体解释。那时,人们秉持的是节俭消费观:主张人们在消费时应最大限度地节约物质财富,减少甚至杜绝浪费。中国古代有影响的学派几乎都是主张节俭的。儒家的孔丘说:"礼与其奢,宁俭","节用而爱人"。道家的老聃说"我有三宝,持而保之。一曰慈,二曰俭,三曰不敢为天下先。"法家的韩非说:"侈而惰者贫,力而俭者富。"至于墨家学派,更是提倡"节用""节葬",反对华而不实,铺张浪费。他们倡导节俭的思想是很明显的国外节俭消费观的发展也是源远流长的。公元三千多年前的希腊斯多葛学派认为,人应该保持高尚道德,并努力抑制身体的欲望。古希腊哲人德谟克利特提出:"节制使快乐增加并使享乐更加强。"应该说，这种消费观念产生的最根本的原因，是当时落后的社会生产力。

工业革命以后，社会生产力有了极大的提高，消费主义消费观逐渐取代了节俭消费观，成为工业社会的主流。主张消费主义消费观最具影响力的经济学家是英国的约翰·梅纳德·凯恩斯。在他所处的时代，资本主义社会失业严重，危机重重，陷于困境。他认为，这是由于消费和投资不足所致。基于此种认识，他主张消费主义消费观。第二次世界大战后，许多发达资本主义国家通过刺激和扩大人们的消费，弥补了社会总需求与社会总供给之间的差额，从而克服了严重的失业危机，摆脱了经济萧条的困境，既促进了经济的增长，又保持了社会秩序的稳定。

从此，凯恩斯主义成为资本主义国家的主流经济学派和制定经济政策的理论依据，消费主义消费观得到空前的发展。

一般地说，消费主义是指人们一种毫无顾忌、毫无节制地消耗物质财富和自然资源，并把消费看作是人生最高目的的消费观和价值观。消费的目的不是为了实际需要的满足，而是在不断追求被制造出来、被刺激起来的欲望的满足。消费主义是当今社会的一种重要的意识形态，是全球进程中的文化现象。它指的是一种价值观念和生活方式。它通过大众传媒等中介不断制造"虚假的需求"，煽动大众的消费激情，强烈刺激人们的物质欲望和消费欲望。这是一种与节俭消费观完全对立的消费观，它主张消费者大量地、无节制地占有和消耗物质财富，以满足自身的需求和欲望。首先，对自然资源的挥霍造成资源危机。消费主义追求商品的符号价值和时尚价值，追求奢侈享乐的物质生活，从而导致消费品的使用寿命的减短，造成消费品需求的大量增加，而消费品本身又需要大量的物质资料来支撑，这些物质资料无不来自地球。消费品需求的增加就必然加快地球资源的消耗，并造成自然资源的大量浪费，导致严重的资源危机。

其次，消费主义恶化了人们的生存环境。消费得越多，向外界排放的废弃物就越多，生活垃圾也就越多。这些日益增多的生产废弃物和生活垃圾加在一起共同污染着空气、土和水体。同时，不断增长的物质需求，使耕地和森林面积锐减，土地沙漠化进程加快，生物品种减少，有些物种甚至濒临灭绝或已经灭绝，使经过亿万年才形成的地球生态系统惨遭破坏。所有这些，都使人类的生存环境不断恶化。

最后，消费主义使人们的价值目标错位，造成人的精神危机。消费主义易使人们耽于物质享受之中而难以自拔，使享乐主义、物质主义、利己主义、虚无主义开始盛行。

消费主义用物质消费作为衡量人的唯一价值标准，认为自我价值只表现于自我的消费与享受之中，否定人的精神向度的价值，从而使人变为被动、贪婪的消费者，丧失了自身的道德信仰，也丧失了人自身对创造性的渴望及对体现自身能动性发展的追求，使人性沦落于物性，造成人与物之合理关系的异化，导致社会生活与道德秩序的严重扭曲。

由于注重人与自然的协调发展，生态文明提倡生态消费观。"所谓生态消费又称生态文明消费或绿色文明消费，是指以维护自然生态环境的平衡为前提，在满足人的基本生存和发展需要的基础上的适度的、全面的、绿色的、可持续的消费。"它把消费与社会生产、自然生态紧密地联系起来，力求使这三者相互促进、协调发展，达到有机的统一。

生态文明的主要特点如下：

首先，注重绿色消费。生态消费观要求消费，既能满足人的消费需求，又不对生态环境造成危害。因此，它注重绿色消费。以这种消费观为指导，消费者在消费时要选择未被污染，或有助于公众健康的绿色产品。在消费过程中注意对垃圾的处置，不造成环境污染。同时，要转变消费观念，崇尚自然、追求健康，在追求舒适生活的同时，注重环保、节约资源。

其次，强调适度消费。生态消费是与一定的生产力发展水平相适应的、并能充分保证一定生活质量的消费。是适应国情国力和自然资源承受力的消费，是与环境相协调的低能源消耗的消费。它将消费的界限划定在满足生活需要的范围之内，既不是过分的节俭，也不是过度的奢侈与浪费，它坚持与自然相协调的方式，追求健康而富足的生活。

再次，倡导精神消费。与单纯追求物质欲望满足的消费主义不同，生态消费更加突出人的精神心理方面的需要，认为幸福的生活不仅仅只是物欲的满足，人的精神、灵魂等精神生活的满足，也会促使人类在生命的更高层次上提升自己。因此，它要求人类在满足基本的物质需求的基础上，更要重视对精神生活的追求。

最后，追求消费的可持续性。生态消费要求消费不能超过生态环境的承载力，这就要求人们要学会尊重自然、保护自然，使人类的消费活动与自然的发展进化融为一体。同时，它还要满足不同代际间人的消费需求。也就是说，这种消费模式将人的今天的需求和明天的需求、现代人的需求和未来人的需求有机地统一在一起，具有一种跨时空的品质，是一种可持续性的消费。人类对地球的影响，既取决于人口的多少，更取决于人均使用或消费能源及其他资源的多少。这种承载力极限取决于自然系统自身的更新或废弃物的安全吸收，一旦超出了生态环境的承载力，消费就没有了可持续性，人类社会的可持续发展也就成了一句空话。

## （五）从工业文明的经济发展观到生态文明的可持续发展观

发展是指主体事物在规模、结构、程度、性质等方面发生的由低级到高级、由旧质到新质的变化过程。"发展观是关于发展的本质、目的、内涵和要求的总体看法和根本观点，是指导人们观察、思考、解决重大发展问题并自觉进行发展实践的基本原则。"

不同的文明形态有不同的发展观。有什么样的发展观，就会有什么样的发展道路、发展模式和发展战略，也会对发展实践产生根本性、全局性、长期性的重大影响。

从本质上来讲，工业文明的发展观是一种经济增长观。这种发展观将社会的发展等同于经济的增长，又将经济增长等同于衣食住行等方面的物质生活水平的提高，并用经济增长的具体标准作为衡量社会发展的尺度。在这种发展观的指导下，"社会发展成为一种经济形式，经济客体成为发展视界的唯一或主要选择"。其主要特点如下：

工业文明的传统发展观认为，发展主要是经济发展，社会发展程度的衡量指标是经济指标，经济增长是一个国家或地区发展的首要标志，国内生产总值的增长，是衡量一个国家或地区经济发展的重要标尺。

由于重视物质财富的增长，传统发展观以物为中心，坚持物本高于人本，用以物为本的增长取代以人为本的发展。人的存在仿佛不是以人本身的方式存在，而是以物的方式存在，人的发展也不是以人的方式实现，而是扭曲为以物的方式来实现。它很少关注人的发展，不以人的利益为出发点和落脚点，陷入为发展而发展的怪圈之中。在这种情况下，人被组织进越来越合理的生产秩序，成为经济运动中的一个环节，人自身存在与发展的意义则被完全忽略了。马尔库塞把这种现象称为"人成为经济活动的物的奴隶"，"作为一种工具、一种物而存在，是奴役状态的纯粹形式"。这引起了人们的批判式反思。法国的佩鲁则进一步指出："经济发展的外在指标，以及这种发展对获取财富和积累资本所表现出来的可鄙的迷恋，同人们及其共同体制定的生活规划之间存在着紧张关系。"这是"社会中一切非人道东西的主要原因和主要动力"。他大声疾呼，"此路不通，因为不论社会还是人，都不是物"。

可持续发展观是人类反思、批判、校正工业文明发展观的结果。它以更高的境界、更广的视野，把人、自然、社会的发展融合到一起，为人类展示了一种全新的发展观念。

与工业文明的发展观不同的是，可持续发展观有如下几个特点：增长不同于发展。增长是指"通过吸收或生长产生新增物质从而带来规模上的自然增加"。发展则是指"社会整体内部各种组成部分的连接、相互作用，以及由此产生的活动能力的提高"。可持续发展观不再以经济增长作为唯一的目标。它把生态环境的质量和效益提到了前所未有的高度，主张在保护生态环境的前提下追求发展，在发展的基础上改善生态环境，实现二者的积极互动，而且认为，应当在人与自然的关系上实现根本性转变，由简单的征服、索取向共存过渡。因此，它追求经济的增长，但必须在保护自然资源的和环境的前提下，实现经济的稳定增长，它扬弃了资源对经济增长的约束作用方面的乐观论与悲观论思想，既肯定开发、利用的必要性和可能性，又充分注意到发展的可持续性，把人与自然看作是一个动态的系统，追求两者的协调发展。

可持续发展概念主要包括三个方面的含义：需要、限制和协调。其中最重要的是需要，"就是既要满足当代人的需要，又不危及后代人需要的满足；既要满足本地区、本国人民的需要，又不损害其他地区和全球人们满足其需要的能力"。这也就是我们所说的代内公平与代际公平。无论是代内还是代际，可持续发展都是以人作为出发点的。它抛弃了以物为中心的发展的实质，重视人的发展与进步。发展的目的不是为了物质财富的增长，而是为了人的全面发展，物质财富的增长最终是为实现人的发展而服务的。人在自己的生存和发展中，不仅有物质生活上的追求，而且还有精神方面的渴望，希望在认识和改造客观世界的实践中，显示自己的存在价值。而人的发展应该包括物质的丰富和精神的满足。社会的发展要能满足人的生态需要，使人的身心得以健康发展，最终实现人的进步。

可持续发展观是人类发展观的重大进步，具有深刻的合理性。它克服了传统发展观的片面性和狭隘性，纠正了传统发展观对于自然界和自然资源的错误认识，正确解决了人类的发展与自然之间的关系问题，充分认识了发展的可持续性。

可持续发展观的合理性，使其为人们所普遍接受，并在世界绝大多数国家和地区产生了重要的影响。当前，在接受和实践可持续发展观的基础上，中国共产党结合中国社会发展实践，从人类发展的视野出发，创造性地提出了旨在解决当代中国建设和发展问题的科学发展观。

所谓科学发展观，就是坚持以人为本，全面、协调、可持续的发展观。这既与可持续发展观一脉相承，又是对可持续发展观的深化。可持续发展观要求人口、经济、社会、资源、环境五要素的和谐发展，在发展中要在正确处理人与自然的关系的基础上，注重代内公平和代际公平，这也是科学发展观的要求，因此，二者在基本精神上是一脉相承的。

与此同时，科学发展观又是对可持续发展的进一步深化。首先，科学发展观的内涵更为丰富。可持续发展观的核心思想在于人与自然的和谐，而科学发展观的内涵涉及经济、政治、文化、社会发展各个领域。可以说，可持续发展是科学发展观的核心内容之一，而不是全部。其次，科学发展观是对人的主体地位的进一步提升。从工业文明的传统发展观以"以物为中心"到可持续发展注重人的发展，这是对人的主体地位的提升。科学发展观则更鲜明地提出"以人为本"的发展理念，将人的全面发展与社会的全面进步作为出发点和落脚点，把人民群众作为社会发展的价值主体和利益主体，牢固树立人民群众在发展中的主体地位，是对人的主体地位的进一步提升。

## 三、生态文明是社会发展的必然趋势

### （一）建设生态文明是解决生态危机的必由之路

当前，全球性的生态危机已成为摆在全世界人们面前的共同难题。而建立在掠夺式利用自然资源基础上的工业文明，已无法有效地协调人与自然的关系了。尽管在征服自然、控制自然的思维方式下，人们可以为了人类自身的利益而善待自然，可以采取某些措施在一定范围内防范和阻止对自然生态的破坏；但是，由于工业文明模式的内在局限性，它不可能从根本上解决全球性和整体性的生态危机。因此，人与自然关系的缓解，是不可能在工业文明的思维定式中找到答案的。如果不改变工业革命以来人类所形成的征服自然、崇尚物质消费的伦理价值观念和生产、生活方式，人类日益增长的物质消费对环境的压力就不可能得到根本的缓解，我们将面临人类生态系统崩溃的巨大风险。这样看来，解决生态危机的唯一途径，就是建设生态文明。

生态文明是人类对工业文明进行深刻反思的结果。作为一种全新的文明形态，它要求人们在改造自然的同时，又要主动保护自然，积极改善和优化人与自然的关系。建设生态文明，最重要的就是要建立起一种人与自然平等相处、相互依存的统一整体，维护生态系统的完整稳定，保持生物的多样性。生态文明反对通过掠夺自然的方式，来促进人类自身的繁荣，强调人与自然的整体和谐，实现人与自然双赢式的协调发展，是解决生态危机的唯一有效途径。

### （二）建设生态文明是实现社会可持续发展的必然要求

所谓可持续发展，是指既满足当前需要又不削弱子孙后代满足其需要之能力的发展。可持续发展的关键在于发展的可持续性。这就要求人类的生存行为和经济社会发展必须保持在生态容许的限度之内，使人类经济社会活动绝对不能超越资源与环境的承载能力，是一种在维护生态平衡基础上的发展。只有这样，才能保证发展的可持续性。这种发展，只有在生态文明建设中，才能实现。

首先，建设生态文明是实施可持续发展的基本前提。生态文明是一种追求人类与环境和谐统一、协调发展的新型文明。建设生态文明就是要保持自然界的生态平衡，使人、社会与自然在一个更高的层次中和谐统一。

其实质就是实现人与自然的和谐。它要求人类限制对自然的过度开发，注重合理开发利用资源；在发展经济的同时建设良好的生态环境，强调现代经济社会的发展，必须建立在生态系统良性循环的基础之上。而可持续发展就是要既满足人类不断增长的物质文化生活的需要，又不超出自然资源的再生能力和环境的自我净化能力，实现自然资源的永续利用，实现社会的永续发展，为子孙后代留下充足的发展条件和发展空间。这只有在人与自然协调发展的状态中才能实现。因此，可以说，生态文明是实现可持续发展的前提和基础。不建设生态文明，实现可持续发展就会成为空中楼阁。

其次，建设生态文明为可持续发展提供精神动力。生态文明把人类看作是自然之子，强调人对自然的尊重。这就纠正了工业文明时期把人看作是自然的统治者的错误观点，深化了人对自然的认识，把人类的道德关怀拓展到了所有自然物，提升了人类的精神境界。

生态文明主张人类社会与自然界的共生共荣，人与自然万物的平等，将人与自然都看作是生态系统中不可或缺的重要组成部分。这种整体发展、平等发展的观念，给可持续发展提供了一种全新的思维方式。它将人的发展与自然的进化统一起来，有助于真正地实现可持续发展。

由于把人看作是自然之子，充分肯定自然界对人类生存与发展所起的重要作用，这就激发了人对自然的亲近感、热爱感，进而养成珍惜自然资源，人们从内心深处认识到自然资源的有限性，使用资源的有价性，从而为可持续发展拓展了认识道路，提供了精神动力。

总之，建设生态文明是当前人类最迫切的要求。它已成为人们的自觉行动，极大地改变着人们的生活习惯和思维方式，把人类的生存与发展带进了一个新时期，从根本上改变了人与自然的对立关系，是解决生态危机的有效途径，也为人类的可持续发展创造了有利条件。从工业文明到生态文明，是人类社会文明形态的重大跨越。

## 四、全球文明拐点的到来

人类正处于由工业文明向生态文明过渡的转折点，人类别无选择，任何国家和地区都是如此。否则，人类也必将因耗尽资源而灭亡。工业文明过度消耗资源，向环境排放大量废弃物，无节制的人口膨胀，破坏了生态平衡和人类赖以生存的地球环境，制造了一系列全球环境问题。这不仅严重地制约了社会经济的进一步发展，而且还对人类的生存和延续构成了严重威胁，这是工业文明所带来的严重后果。

文明是人类远离愚昧的程度，愚昧是距离文明的远近。这表面上看起来是同义的反复，但在尚未搞清楚什么是文明、什么是愚昧之前，往往人们认为的文明就等同于愚昧，而往往被人们抛弃的愚昧，反而称其为文明。人类经历采猎文明、游牧文明、农业文明，正在经历工业文明，甚至认为已经到了后工业文明和信息文明。文明进化的初真，总是使人类今天比昨天强、明天比今天强。但是，随着文明的不断升级，人类生存的可持续性受到了前所未有的挑战，随着物种多样性的消失，人类会不会紧随其后而消失，这并非杞人忧天。如今，文明异化了人类，在走过了漫长的进化征途后，异化的圆圈似乎使人类又走进了愚昧。城市化建立了高楼大厦，消耗了大量的能源；石油提高了人类的发展速度，却带来了不断的争斗；化肥农药提高了产量，有毒物质却进入了人类的血液；化学药品的滥用，降低了人类的繁衍能力。文明需要重新定义，价值需要重新选择，社会需要重新构建，这就是可持续发展首先要解决的观念问题这些论的解决正在检验着人类集体智商和整体智慧。

全球生态文明观不是幻想，用生态学创始人海克尔的话说，它更不是在任何情况下可以转换或抛弃的主观奢侈品，不是超自然的东西，而是人类继续生存下去的客观需要，是出于实在和生命本性的恩赐。

　　为了地球系统的协调，可把生态文明观当作生态系统提出来。地球生态系统的形成和发展，决定着人类的发展方向、决定着人类的自我超越。因为，由于生产力规模的增大，某一个国家和地区进行改造自然的措施，都可能涉及其他国家的生态条件，甚至会影响整个生物圈，这种跨区域性的污染事件时有发生。可见生态问题在全世界范围内都处于较高的地位。因此，生态命令是一个超越国家和地区，以及阶层和集团的绝对命令。在这一绝对命令下，应建立全球性的"统一战线"，按照全球生态文明观来约束破坏生态环境的行为，统一各国和地区对待生态环境的行为模式，用全球生态文明观把各国人民团结到追求人类与自然协调这一真理的大旗下，进行不同层次、不同结构的再调整、再组合。实现这一目的的有效手段就是建立世界生态经济的新秩序，其基本特点是减轻资本主义发展中的马太效应，强调第三世界的持续发展。全球应共同努力，解决好南北发展问题，南北贫富的差距缩小不仅是解决穷国的生存问题，而且是在全球意义上通过节能减排、维持全球正常化学循环、控制温室效应，进而保证全人类生存的大问题。随着人类对自然资源的开发，国际社会必须投入资金保护自然，进行生态补偿，该补偿的强度和有效性务必保证使生态潜力的增长高于经济的增长速度。可持续发展的观念是由西方发达工业国家最先提出的，因为这是支撑其经济增长和维持高福利政策所必需的外部环境。

　　对于发展中国家来说，可持续发展的观念更加重要，因为它使贫困地区能够在现有资源环境条件下缓解人口膨胀压力，节约资源环境成本，确保在实现现代化之前不至于使生态环境全面崩溃，保留可持续发展的可能性。中国作为当今世界最大的发展中国家，有能力也有责任积极迎接全球文明拐点的到来。

# 第五节 国外生态文明发展模式

## 一、国外生态文明理念的产生背景

西方作为工业文明发展的典型代表，工业文明带来的生态问题，也在西方国家表现得尤为明显。对此，西方有识之士也很早意识到了这个问题，并开始了关于发展生态文明的探索。20 世纪 70 年代，罗马俱乐部的诞生代表了人类生态意识的第一次觉醒。1968 年 4 月，在意大利企业家、经济学家奥雷利奥·贝切伊博士的倡导下，该俱乐部在意大利首都罗马成立，并由此而得名。罗马俱乐部是为解救人类的生态困境而成立的第一个该类社会团体。它首创对当代威胁人类生存的"全球性问题"的研究，"全球性问题"包括：①人口问题；②工业化的资金问题；③粮食问题；④不可再生的资源问题；⑤环境污染问题（生态平衡问题），并提出解决"全球性问题"需要全球性的行动。它在人类有史以来，第一次对新技术革命的生态效应及其严重后果做出的强烈反应。它把目光集中于当代所面临的"人类困境"，试图找到一种方法去改变人类走向灾难的进程。它追求的目标是：促进和传播对人类困境有较为可靠和有深度的理解；在一切可用知识的基础上，鼓励那些能纠正现在状况的新的态度、政策和制度。也就是在认识和实践上，改变人类对环境的态度和行动方向。

罗马俱乐部聚集了一批世界著名的社会学家、政治学家、经济学家、哲学家、天文学家、物理学家、生物学家、数学家、未来学家等，他们围绕罗马俱乐部的宗旨，做了大量卓有成效的工作，使生态意识在全世界很快普及，极大地改变了人们的价值取向。

罗马俱乐部早期的未来预测有悲观主义倾向，但是，它在提高人类的生态意识、唤醒当代人类对全球生态危机的新的责任感、敦促人类共同行动等方面，功不可没。不仅如此，它还直接触发了西方世界 20 世纪 70 年代大规模的社会生态保护运动。因此，罗马俱乐部的意义不在于它成立或存在的这一事实本身，而在于它使人类对全球生态危机做出的第一个应急反应，并开启了人类新文明、新价值观的一个新方面。

1962 年，美国海洋生物学家雷切尔·卡逊编写了一本科普读物《寂静的春天》。该书指出，农药污染将是使春天之音沉寂下来的"幽灵"这种看似"想象中的悲剧"是通过一系列农药使用引发的问题为依据的，并通过科学分析做出了一个警告性的结论，即生存环境问题绝不仅仅是传统意义上的天灾，而是一种至今尚被人类忽视的人类生存环境的恶化所带来的威胁，而造成这种环境恶化的"肇事者"恰恰又是人类自己。

因此，卡逊说，如果人类不对自己的生存环境给予保护，那么这种"想象中的悲剧"就将变成"活生生的现实"。《寂静的春天》惊醒了整个世界，播下了新行动主义的种子，并有着深厚的群众基础。如今，卡逊的思想正在变成亿万人的共同意识，它的影响力已远远超越《寂静的春天》所关注的那些事情。正是女性之所忧将我们带到一个具有共性的问题上：这世界怎么了？也正是她带我们去追回在现代文明中已丧失到了令人震惊程度的基本观念：人类与自然环境的相互融合。因为只有这一观念，才能引领我们反思过去的行为，并使人类社会在新时期踏上谋求人与自然和谐之路。

人、自然、环境、生态等问题已成为时代的话题，亦将是世人关注、全球化趋势最先实现的领域。在这里，人类的共识已经形成："罗马俱乐部的目标""地球 2000 年的报告""21 世纪议程"等一系列国际性的行动思考，促使后来一系列的国际公约的出台，对人类的行为和可能的后果进行约束，极大地减缓了环境危机的严重性。

# 二、国外"生态文明发展模式"的借鉴实例

## （一）美国：环境政策管实管细

在寻求环境保护和生态建设的科学之路上，美国已经走在了世界的前列，运用多种环境政策保护生态环境。

美国采用的环境经济政策非常广泛，包括环境税、排污收费、生态补偿、排污权交易，等等。在美国，1977 年通过《露天矿矿区土地管理及复垦条例》规定，矿区开采实行复垦抵押金制度，未能完成复垦计划的其押金将被用于资助第三方进行复垦；采矿企业每采掘一吨煤，要缴纳一定数量的废弃老矿区的土地复垦基金，用于老矿区土地的恢复和复垦。排污权交易最早在美国实施。其中，二氧化硫减排效果显著。1990 年推出的二氧化硫排污权交易政策，有效地促进了二氧化硫减排。

美国把生态补偿作为环境保护的一种选择。在流域生态补偿上，美国政府承担了大部分的资金投入，由流域下游受益区的政府和居民向上淤地区做出环境贡献的居民进行货币补偿。在补偿标准的确定上，美国政府借助竞标机制和遵循责任主体自愿的原则，来确定与各地自然和经济条件相适应的租金率，这种方式确定的补偿标准，实际上是不同责任主体与政府博弈后的结果，化解了许多潜在的矛盾。

首先，美国通过立法制定能源政策，从而引导能源的使用。能源政策优惠主要以财政优惠的形式出现，如税收抵扣、减税、免税和特殊融资等。相关的能源政策法案包括《2005 年能源政策法案》《2007 年能源独立与安全法案》《2008 年紧急经济稳定法案》，以及《2009 年经济复兴与再投资法案》等。

美国政府在预算资金上，向新能源采取倾斜措施。在政府推出的能源

部 2010 财政年度预算案当中，有 264 亿美元用于能源部的能效与再生能源局。这项预算旨在大规模扩大使用再生能源，同时，改进能源传输基础设施。预算案还用于混合动力和插电式混合动力汽车、智能电网技术，以及其他科研项目。

美国还对生物能源进行补贴。在美国，生物能源补贴在这些领域是合法的，包括促进能源独立、降低温室气体排放、利用生物能源工厂、支持农业收入改善乡村发展。

消费者补贴也是新能源战略的重要组成部分。在美国，购买混合动力汽车的消费者会得到减税优惠。依据不同的新能源车型，得到的税收优惠差别从数百美元到数千美元不等。住房所有人如果使用节能的绝缘材料、门窗，以及取暖和制冷设备等，可以获得最多 500 美元的税收优惠。安装风力系统的房主可以获得多达 4 000 美元的税收优惠。利用地热泵的房主也可获得最多 2 000 美元的税收优惠。

最近美国的能源政策还向核能、化石能源生产、清洁煤技术、再生发电，以及节能和提高能效提供了数十亿美元的减税优惠。

此外，美国政府十分重视基础研究工作。哥伦比亚大学国际事务学院环境科学与能源政策研究所教授斯蒂芬·科恩说，在一揽子经济刺激计划中，有 300 亿美元资金提供给美国能源部用于可再生能源和提高能源使用效率方面的研发。

综合来看，美国的新能源补贴政策，首先通过立法推动。同时，美国新能源补贴政策的一个重点是补贴消费方。这样，可以有效避免补贴供应方和出口企业而可能带来的贸易争端。

### （二）欧盟：抢占"绿色经济"制高点

对于传统能源匮乏的欧盟来说，发展可再生能源，不仅是满足未来能源需求的一把"钥匙"，而且也是实现温室气体减排目标和抢占"绿色经济"

制高点的一件"利器"。

为了促进新能源产业的发展，欧盟国家出台了多种补贴政策予以扶持。但是，这些补贴政策所筑起的"绿色壁垒"，也应引起警惕。

1. 立法手段推动新能源产业发展

早在 2001 年，欧盟就通过立法，推广可再生能源发电。在 2007 年 3 月的欧盟峰会上，欧盟领导人通过了具有里程碑意义的能源和应对气候变化一揽子协议。其中，为扩大可再生能源的使用设定了具体目标，2020 年，实现可再生能源占到欧盟能源消费总量的 20%。

根据这份协议，欧盟于 2009 年 4 月通过了新的可再生能源立法，把扩大可再生能源使用的总目标分配到各成员国头上，并要求成员国在 2010 年 6 月 30 日以前制订国家计划予以落实。欧盟委员会 2010 年 11 月 10 日公布新能源战略，提出未来 10 年需要在能源基础设施等领域投资 1 万亿欧元，以保障欧盟能源供应安全和实现应对气候变化的目标。

根据欧盟委员会 2010 年 11 月 9 日通过的"能源 2020"战略文件，欧盟及其各成员国有必要在节能方面采取强有力措施，并整合欧洲能源市场。欧盟委员会能源委员欧廷格指出，为建设一个具有竞争力的环保型经济，必须使能源政策欧洲化。新能源战略拟定了未来五个优先领域：提高能效；完善统一能源市场和基础设施建设；推动技术研发和创新；对外用一个声音说话，为消费者提供安全、可靠、用得起的能源。

这一系列举动，尤其是具体目标的设定，为欧盟新能源产业指明了发展空间和市场前景，给投资者吃了一颗"定心丸"。鉴于新能源前期研发和初期生产成本较高，尚难与传统能源同台竞争，欧盟国家普遍动用补贴手段予以扶持。

在新立法中，欧盟把对新能源产业的补贴问题留给成员国自主决定。这意味着，欧盟对于新能源产业发展并没有统一的补贴手段，成员国可以根据自身特点，选择支持某些种类的新能源发展，补贴形式也是五花八门。

## 2. 价格支持和数量要求双管并举

总的来看，欧盟为了鼓励利用可再生能源发电，补贴方式大致可以划分为两类。

一类是价格支持，最典型的例子就是德国率先推行的上网固定电价制度。德国 1990 年颁布法律，首次规定，可再生能源发电可免费接入电网，并且政府将为之提供补贴。一开始的补贴额度是按照终端用户购电价格的百分比确定的。

例如，太阳能和风能发电最高可获得零售电价 90% 的补贴，生物燃料和水力发电可获得 65% 到 80% 的补贴。2000 年，德国修订了立法，改为上网固定价格，即电力供应商必须按照政府指定的价格，从可再生能源生产商那里购电。这一固定价格根据可再生能源的类型不同而有所区别，双方一般签订 10 年以上的长期合同，从而保证可再生能源企业的收益。

这一扶持政策极大地推动了德国的新能源产业发展。目前，从装机容量来看，德国是全球最大的太阳能市场。现在已有 40 多个国家效仿德国，实行上网固定电价制度，其中包括法国、西班牙、意大利和捷克等其他欧盟成员国。这一制度也成为欧盟国家扶持本国新能源产业最主要的手段。欧盟委员会认为，上网固定电价制度对于推广可再生能源发电来说，是"最有效"和"最经济"的支持方式。

另一类是数量要求，即规定电力供应商必须保证其一定比例的电能来自可再生能源。这方面比较有代表性的是英国的"绿色证书"制度。对于利用可再生能源发电的企业，它们将根据发电量多少获得可交易的绿色证书，这有点像碳排放交易权，而未达到数量要求的发电企业，则需要从市场上购买绿色证书。

### 3.减税和贷款优惠等多种手段促进新能源发展

除了价格支持和数量要求这两种主要方式外，欧盟国家还通过税收减免和贷款优惠，甚至是直接的现金补助等财政手段，促进新能源产业的发展。例如，在部分欧盟国家，利用可再生能源发电的企业，可以免缴碳排放税。

英国政府2010年2月出台的"清洁能源现金回馈方案"则规定，凡是安装太阳能板和微型风车的家庭和小商户，将可以领取补贴，年限从10年到25年不等。

由于各国政策不同，因此很难统计欧盟各国为促进新能源产业发展所提供的补贴总额。随着新能源产业的发展壮大，欧盟内部也发出了统一补贴政策的呼声。欧洲工商业联合会资深顾问弗尔克·弗朗茨指出，各国不同的补贴政策妨碍了欧盟能源市场上的公平竞争，不利于资源优化配置，从长期来看，欧盟应当统一对新能源产业的补贴。

虽然欧盟没有统一的补贴手段，但近年来通过加大科研投入，间接扶持新能源产业的发展。2009年10月，欧盟委员会建议欧盟在未来10年内增加500亿欧元专门用于低碳技术研发。欧盟委员会还联合企业界和研究人员，制定了欧盟发展低碳技术的"路线图"，把风能、太阳能、生物能源、碳捕获与储存、电网和核裂变确立为六个最具发展潜力的关键领域。

### 4.德国：循环是一种社会责任

德国在第二次世界大战之后，主要依靠重工业和制造业的发展来恢复经济。因此，给地表水源和河流、空气带来严重污染。德国政府引入并实施了强制性控制政策（尤其在空气和水领域），20世纪80年代后，开始从强制性的控制慢慢向预防和合作的方向转变。至今，德国已经成为一个环境非常优美的国家。

在德国，循环是一种社会责任。垃圾处理和再利用，是德国循环经济的核心内容。1996 年提出的新的《循环经济与废弃物管理法》是德国建设循环经济总的"纲领"，它把资源闭路循环的循环经济思想推广到所有生产部门，其重点侧重于强调生产者的责任，生产者对产品的整个生命周期负责，规定对废物问题的优先顺序是避免产生—循环使用—最终处置。目前，废弃物处理成为德国经济支柱产业。

# 第四章 黄河三角洲生态环境变迁

## 第一节 黄河流路的历史变迁

黄河的地理年龄有十几万年。从周定王五年（公元前 602 年）黄河由禹王故道改行沧州流路算起，黄河有纪年记载的历史已有 2 603 年，其中除去宋代杜充（1128 年）、近代蒋介石（1938 年）出自军事需要，人为决口，以水代兵，使黄河在江淮流路行水 736 年外，黄河在渤海行水超过 1 800 年。黄河经过多次的改道，逐步稳定在利津流路。

### 一、黄河入海流路的自然选择

黄河的形成始于第四纪，其第一代水系形成于中更新世时期。晚更新世后黄河进入华北平原，上、中、下游水系从此构成了统一的水系。在此期间，由于黄河在华北平原上做大幅度摆动，形成了众多的黄河三角洲。在全新世，华北平原发生过一次海侵，之后海平面逐渐回落，黄河大体在天津一带入海，随后向东南逐渐迁移。黄河向南迁移的流路时间大致如下：

（1）公元前 602 年（东周定王五年）—公元 10 年，黄河由禹王故道及天津流路改道流经沧州流路，流经 613 年。

（2）公元 11 年（新朝王莽始建国三年）—1019 年，黄河由沧州流路改道利津流路，流经 1 009 年。

（3）1020 年（北宋天禧四年）—1027 年，黄河在今河南滑县天台山决口，注梁山泊，由泗水入淮河进黄海，流经 8 年。

（4）1028 年（北宋天圣六年）—1033 年，天台山决口被人工堵塞，黄河复入利津流路注入海，流经 6 年。

（5）1034 年（北宋景祐元年）—1127 年，黄河由利津流路改道无棣流路，流经 94 年。

（6）1128 年（南宋建炎二年）—1855 年，黄河在今河南滑县李固渡口人工决堤（开封府留守杜充为阻挡金兵南下而决堤），由无棣流路改道江苏盐城入黄海，流经 728 年。

（7）1855 年（清咸丰五年）至今，黄河由河南铜瓦厢决口北夺大清河，由利津流路入海。

## 二、流路变迁

黄河自 1855 年由利津入海以来，山东下游河段经历了两个不同演变阶段。铜瓦厢决口初期，由于任乏堤防约束，洪水漫流，流路任意变迁，泥沙绝大部分淤积在两岸大平原上，河口基本深阔稳定。随着堤防的修筑，泥沙淤积逐步下移，输往河口的泥沙渐次增多，河口进入淤积、延伸、摆动、改道、侵蚀基面相对升高的发展过程。从 1855 ~ 1938 年，发生在三角洲顶点附近的大改道共有 7 次，各条流路的行水年限最长的 19 年，最短的只有 2 年多。历史上由于政治、经济等条件的限制，河口地区基本上没有得到治理和开发，放任黄河在三角洲上自由迁徙。当时曾流传着"大孤岛，人烟少，年年洪水赶着跑，人过不停步，鸟过不搭巢"的民谣。

中华人民共和国成立后，随着河口地区经济建设和治黄事业的迅速发展，河口治理问题日益得到重视。在下游大规模开展防洪工程建设，确保黄河防洪安全的同时，对河口治理也进行了查勘、测验、调查研究等基本工作，积极探索治理措施。20 世纪 50 年代初我国即设立了前左实验站和罗家屋子、生产屋子水位站，开始进行水文、气象、潮水位、溜势、风向及入海尾闾各流路的变迁、滨海泥沙沉积密度等多项测验。从1952～1979年，我会及山东黄河河务局多次组织查勘队，对河口和三角洲进行全面查勘。为加强滨海区的测验工作，1964年专门成立了浅海测验队，配置测船三艘，定期进行测验。这些基本工作，为制定河口治理规划提供了宝贵的资料。

根据河口地区生产发展的情况，河口治理大体上可分为两个阶段。中华人民共和国成立初期到20世纪60年代，河口问题主要集中在麻湾到王庄窄河段的凌洪威胁。1951～1955年仅有的两次凌汛决口即发生在这一河段的上下两端。为此，1952年以后修建了小街子溢水堰，加固延伸了堤防，石化了险工。20世纪50年代道旭以下临黄大堤平均加高了1.25 m，并下延到四段、渔洼。此后三角洲内开始兴办农场，三角洲的防洪、防凌问题也随之出现。为了增强防洪的主动性，避免自然改道的危害，我们适时地进行了河口尾闾人工改道。1953年甜水沟改走神仙沟时开挖了引河，实施了第一次人工改道，改道后河长缩短了11 km，比降变陡，改道点以上水位下降，河道产生了自下而上的溯源冲刷，防洪条件有了明显的改善。1964年从神仙沟改走钓口河，进行了第二次人工改道，对于缓和河口地区洪水、凌汛威胁也发挥了很好的作用。标志着河口从自由摆动发展到有计划地人工改道的新阶段。在此期间，还修建了打渔张和韩墩大型引黄灌溉工程，张肖堂、路庄等多处小型虹吸工程，为河口地区引黄淤灌提供了经验。

20世纪60年代中期以来，随着河口三角洲上石油的大规模开采，对河口治理不断提出了新的课题和新的要求。主要是石油开采要求河口尾闾相对稳定；麻湾到王庄一段是"窄胡同"，弯道多，堤防薄弱，最窄处仅400多 m，容易阻水卡冰，威胁以东营为中心的石油基地的安全；河口地区土地盐碱，产量低，农业生产发展缓慢。

针对这些问题，我们先后3次加高了河口地区临黄大堤，20世纪70年代初开始，相继修建了1 200个分洪口门，东大堤，北大堤等工程。1971

年开始兴建窄河段南岸展宽工程，通过展宽，窄河道堤距增加 3.5 km，形成面积为 123.3 km² 的展宽区。近期滞洪库容 3.27 亿 m³，建有分洪、分凌闸及泄水闸。主要解决凌汛分水问题，并结合防洪、灌溉、放淤，有利于发展生产。

为了充分利用黄河水沙资源，这一时期还新修了 18 户放淤工程，先后进行了 4 次放淤，总引水量 12.7 亿 m³，落淤 0.544 亿 m³，淤厚 0.5~1.0 m，改造盐碱地 8 万亩。另外又兴建了王庄、五七等引黄闸。目前河口地区已修建引黄灌溉工程 20 多处，总设计引水流量 800 m³/s，为河口地区农田灌溉、工业和人畜用水、放淤改土提供了条件。几十年来，河口治理共完成土方 5163 万 m³，石方 10 万 m³，混凝土 4.5 万 m³，为进一步开展河口治理奠定了良好的物质基础。

黄河是胜利油田唯一的淡水水源，每产 1 t 油，就要灌注三四吨水；整个油田和东营市每年要用一两亿吨黄河水，黄河为油田的开发做出了贡献。

从 20 世纪 60 年代中期到 70 年代中期，钓口河流路经历了 10 多年的演变过程，已处于晚期。1975 年 10 月利津站流量 6 500 m³/s，在分流 1 000 m³/s 流量的情况下，西河口水位仍接近 10 m 高程，超过了 1958 年最高水位 0.57 米。当时动员了河口地区近万人上堤防守，才保证了油田安全。为了缓解河口地区的洪水威胁，1976 年 5 月实施了第三次人工改道，改走清水沟流路入海。

这是中华人民共和国成立后最大的一次人工改道，流程缩短 37 km，对改善河道排洪能力，保护油田安全，起到了显著作用。同时还增加了孤东等油田新的勘探和开采面积，为合理安排黄河入海流路，解决与三角洲工农业生产之间的矛盾，提供了成功的经验。

2019 年 9 月，是黄河治理史上一个值得被记住的日子。习近平总书记主持召开了黄河流域生态保护和高质量发展座谈会。自此，黄河流域生态保护和高质量发展上升为重大国家战略，一张黄河治理的新蓝图铺展开来。

# 三、黄河来沙与造陆

## （一）黄河径流量与来沙的关系

黄河是世界上含沙量最高的河流，每年将 15.7 亿 t 的泥沙搬运到下游河床或海中沉积，其中约有 25% 的泥沙沉积于下游河槽、心滩或边滩。

另外，由于下淤地势开阔及悬河、断流等因素的影响，使沉积作用复杂化，特别是断流后风的作用影响很大，在边滩、废弃河道、盐碱滩及堤岸等微环境风成沉积现象常见。

进入 20 世纪 90 年代，黄河断流日益加剧，夏秋季泄洪量占全年径流量的 60% 以上，冬春季则只有间断的上、中游水库放水及少量大气降水形成的小径流，因而造就了两种水动力截然不同的搬运、沉积环境，由此形成了两种差异显著的异常地质现象及导致发育了一些特殊的典型沉积构造。黄河所携带物质以细粉沙和泥质为主，且细粒物质的沉积较为复杂。

利津水文站是最靠近入海口的一个水文站，它的含沙量特征基本上能代表研究区黄河河水的含沙量特征。1950～2001 年，利津站多年的平均含沙量为 25.68 kg/m³。其中，1959 年、1988 年、1995 年三年的含沙量超过 40 kg/m³。汛期含沙量明显增加，平均为 35.0 kg/m³。汛期最高含沙量见于 1988 年，达 79.0 kg/m³，该年内最高日含沙量达 128.0 kg/m³。

据 1973～2001 年黄河利津站水量实测统计资料分析，黄河利津站年平均流量为 718.7 m³/s，年平均最大流量为 1975 年的 1 520 m³/s。年平均最小流量为 1997 年的 59.0 m³/s。年内月平均流量 8 月最大，为 1 596.20 m³/s；3 月最小，为 90.30 m³/s。

从黄河利津站 1950～2001 年各时期来水特征值统计资料来看，20 世纪 50 年代，年平均流量为 1 475 m³/s。60 年代，年平均流量为 1 653 m³/s。

70 年代，年平均流量为 929 m³/s。80 年代，年平均流量为 881 m/s。90 年代，年平均流量为 444.9 m³/s。

利津水文站记录的水量与含沙量曲线反映黄河下游来水量与来沙量总体上呈下降趋势，并且具有明显的阶段性。1976 ~ 1980 年，除 1976 年来水量较大，达到 400 亿 m³ 外，其他年份水量偏小，平均水量为 232 亿 m³，沙量约为 7.5 亿 t，来沙系数（来沙系数 = 含沙量 / 流量）较大，达到 0.044。1981 ~ 1985 年水量较大，1984 年达 483 亿 m，平均水量为 399 亿 m³，年均沙量为 8.82 亿 t，来沙系数为 0.017。1986 年以后，总体上是枯水少沙系列，1986 ~ 1992 年平均水量只有 175 亿 m³，沙量仅为 4.1 亿 t，来沙系数达到 0.004 2，该阶段内水量和沙量也有波动。

黄河以其巨量的泥沙著称于世，黄河三角洲最敏感地反映了流域的环境变化。自 20 世纪 70 年代以来，黄河入海水、沙量大幅度减少，甚至出现严重的断流现象；黄河三角洲延伸造陆速度明显减慢，表现在原行水流路海岸上出现严重的蚀退。

（1）1976 ~ 1996 年，三角洲呈游进状态，但平均年净游进面积呈逐渐减少的趋势。

20 年里，黄河三角洲共游进 535 km²，年均造陆面积达 26.75 km²，而 1992 ~ 1996 年的年均造陆面积仅为 13 km²，减少了一半。

1996 年 5 月，黄河从清 8 改汊河流路入海，至 1998 年 10 月，三角洲同样呈现出整体向海游进，但造陆速率有减小的趋势。1996 年 6 月至 1996 年 10 月三角洲造陆面积达 21.89 km²，而 1997 年 10 月至 1998 年 10 月，造陆面积仅为 10.98 km²。

（2）1976 ~ 1996 年，三角洲在快速淤进的同时，伴随着强烈的蚀退，蚀退面积与淤进面积之比逐渐增大。

1976 ~ 1986 年，蚀退与淤进比为 0.14，1992 ~ 1996 年，则上升到 0.74。

1996 年 6 月至 1998 年 10 月短短 2 年里，三角洲同样表现出以上特征。

1996 年 5 月至 1996 年 10 月，蚀退与淤进比为 0.09，而 1997 年 10 月至 1998 年 10 月，则上升到 0.19。

### （二）黄河三角洲造陆面积与来水、来沙的关系

黄河河口是以弱海相径流作用为主的河口，三角洲形成的规模，及向海延伸速率主要取决于来水、来沙的大小。

来水、来沙是三角洲形成的物质基础。

（1）三角洲造陆面积与来水、来沙呈正相关关系。

当来水较少时，径流扶带到河口的泥沙也少，故造陆速率较小。1976 ~ 1996 年，黄河来水、来沙量逐渐减少，造陆速率也相应递减。1976 ~ 1986 年，年均来沙量、径流量分别为 8.26 亿 t 和 335 亿 m³，1992 ~ 1996 年，分别减少至 5.46 亿 t 和 187 亿 m³，相应的年造陆面积从 37.6 km² 减少到 13 km²。1996 年 10 月至 1997 年 10 月，来水、来沙量大幅度减少，分别为 38.82 亿 m³ 和 0.31 亿 t，三角洲急剧蚀退，蚀退面积达 10.44 km²。

（2）黄河三角洲的造陆速率不仅与来水、来沙的数量有关，而且与来沙系数有关。

1976 ~ 1996 年，进入河口的输沙量递减十分明显，三角洲造陆速度呈递减趋势，但来沙系数反而增大。1976 ~ 1986 年，来沙系数为 0.023，而 1992 ~ 1996 年，则增加到 0.049，增大趋势非常明显。

仅从 1996 ~ 1998 年短时间的变化来看，三角洲造陆面积表现出以下特点：①三角洲造陆速度递减，而蚀退与淤进比及来沙系数增加。1996 年 6 月至 1996 年 10 月，三角洲造陆面积、蚀退与游进比分别为 21.89 km² 和 0.09，来沙系数为 0.026 9；而 1997 年 10 月至 1998 年 10 月，造陆面积、蚀退与淤进比分别为 10.98 km² 和 0.19，来沙系数为 0.116 1。因此，尽管时期不同，河流来水、来沙条件及海岸动力条件各异，但三角洲造陆面积

与来沙系数之间却表现出同一规律，即三角洲造陆面积与来沙系数呈负相关关系。来沙系数越大，三角洲造陆面积就越小，甚至发生蚀退，来沙系数越小，三角洲造陆面积就越大。

另外，从历史时期看，三角洲也同样具有这样的特点。三角洲总的变化趋势是向海推进，并伴随着蚀退，蚀退与淤进比和来沙系数都呈增加的趋势。例如，1953 ～ 1963 年，蚀退与淤进比为 0.15，而 1963 ～ 1976 年，则增加到 0.33；1953 ～ 1963 年，来沙系数为 0.016 8，而 1964 ～ 1976 年，则增加到 0.02。

### （三）形成机理

黄河是陆相弱潮河口，用于建造三角洲的泥沙绝大部分都来自陆域，故陆域来沙越大，三角洲建造速率越快。一方面，河口泥沙在河口区的堆积使三角洲面积扩大；另一方面，海浪和潮流的作用又使三角洲受到侵蚀，使其面积缩小。入海径流量是河流动力作用的体现，它一方面，输沙入海，另一方面，则可在动力上抵消海洋动力的影响。

当入海沙量小于 2.78 亿 t/ 年时，黄河三角洲将不再淤积扩大，海洋动力作用将超过河流动力作用，因而会发生净侵蚀，使三角洲面积缩小。

这样将使油田某些地区由陆上采油变为海上采油，已有的采油设施也会受到海洋侵蚀动力的威胁。当入海径流量小于 76.7 亿 m³/ 年时，三角洲将发生净侵蚀。也就是说，当入海泥沙量小于 2.78 亿 t/ 年、入海水量少于 76.7 亿 m³/ 年时，黄河三角洲的环境安全将受到影响，三角洲的净侵蚀将会危及油田的安全和三角洲的环境。

## 四、岸线蚀退与地面沉降

通过对现有资料的综合分析，近几十年来，黄河三角洲总的趋势是不断游进，但近年来，三角洲造陆速率呈逐步减小的趋势。从 1976 年至 1996 年，三角洲共淤进 556.97 km²，年造陆面积达 26.75 km²。其中，1976 年至 1986 年，为 37.65 km，1992～1996 年，为 13 km²。1997 年10 月至 1998 年 10 月，造陆面积仅为 10.98 km²，这就证明进入 20 世纪90 年代以后，由于来沙量减少，入海泥沙减少，从而使造陆速率降低。在个别年份，由于断流或来水量较少，导致蚀退作用强烈，新造陆地重新变为水下三角洲地形。1997 年断流 280 多天，河口无泥沙补给，使得河口河长蚀退 2.7 km²，蚀退面积达 10.44 km²，蚀退作用非常强烈。

由于黄河三角洲的海岸线不断蚀退，加上胜利油田的滩海油田海堤及漫水路的建设，改变了滩海地区波流场的边界条件，使海堤及漫水路路堤端部和堤角受到强烈的冲刷作用，造成堤前海底高程比建设初期高程降低，使得埋地管线浮出，滩涂油田变成海上油田。

自 20 世纪 60 年代以来，由于地下石油的不断开采，地下水资源的开发，大量油田设施的兴建，油井、注水井等，对地下岩土结构的蜂窝式破坏，使地面发生了不同程度的沉降和隆起，其中地面沉降表现最为突出。海进和地表沉降会使该区的地面海拔标高降低。

据黄河入海口附近北岸的 9 个水准高程点 30 年来的测量记录，海拔高程降低 0.173～0.933 m。应该看到，海拔高程是一种资源，它的降低会导致大坝的抗洪能力减弱，道路被水的概率增加，桥梁的净空减小。

此外，由于地面沉降，还会造成建筑物和油罐的倾斜、大坝的断裂、油田地下管网的破坏、桥梁的变形、农田的盐渍化扩展等，因此，所带来的直接和间接的经济损失，是十分惊人的。

# 第二节　黄河水患对黄河三角洲生态环境的影响

大江大河洪水灾害的直接因素是气候异常，而流域生态环境的不断恶化，是导致水患频繁的内在因素。黄河之所以成为民族之忧患，是由于生态环境脆弱造成的。

党和国家领导历来十分关注黄河问题。治理黄河是中华民族安民兴邦的大事，治理好黄河水害，利用好黄河水资源，建设好黄河生态环境，对黄河流域乃至全国经济社会的持续发展，具有十分重要的战略意义。

## 一、黄河水患灾害发生频率与流域生态环境演变的关系

黄河是一条举世闻名的多泥沙河流，水少沙多，水沙失衡，大量泥沙淤积并抬高河道，使洪水宣泄不畅，甚至造成决堤泛滥，是产生水患灾害的根本原因。黄河泥沙主要来自黄土高原，因而黄土高原生态环境状况如何，必然关系到下游两岸安全问题。

黄土高原自形成以来，长期处在振荡式上升运动中，高原表面除少部分为石质山区、石山林区、沙漠草原、沙漠区之外，都为黄土和红色土所覆盖，土层深厚。高原上的黄土颗粒，自南而北逐渐变粗，质地疏松，抗蚀能力低，遇水易崩解，加上植被覆盖率很低（平均在 6% 以下），每逢暴雨来临，水土流失十分严重。尤其黄土丘陵沟壑区，水土流失最为严重，平均土壤侵蚀模数，每平方千米在 10 000 t 以上，是黄河高含沙的主要源地。

黄土高原土壤侵蚀模数大小与其本身生态环境状况直接相关。研究表明，造成黄土高原严重水土流失，固然有其自身的内在因素，但人类长时

期砍伐森林，开垦草原等不合理利用资源，是造成水土流失的重要因素。

据历史文献和大量考古资料证明，在尧舜时期，黄土高原区的平原和盆地草木丰茂，地广人稀，禽兽近人，至于山地丘陵，更是林深草密了。到了春秋时期，一些平地被开垦为农田，在汾、渭谷地以北，则以牧为主，而广大山地丘陵区，仍然为森林和草原所占据，植被覆盖率可达50%。

秦汉王朝开始，黄土高原生态环境出现第一次大的转折，即开始向这里移民屯垦，农牧界线一再北移，曾一度移至阴山以北，西界达乌兰布和沙漠一带。到汉武帝时，这一片被称为"新秦中"的发达农业区，大片草原和森林被破坏，水土流失加重，无定河和泾河的含沙量很快上升，到西汉中期，泾河水更加混浊，史书曾记载有"泾水一石，其泥数斗"。

到了唐代，农牧界线又一次迅速北移到河套以北，特别是安史之乱以后，大片草原又垦为农田，水土流失又一次加剧。到了北宋时期，为了巩固北部边防，抵御北方民族侵犯，在泾、渭、洛和无定河等流域的中上游地区屯垦，许多原始森林被砍伐，草原整片被破坏，水土流失越演越烈。明清时期更加剧了对林、草的垦伐，造成黄土高原第三次大破坏，而这次破坏最为彻底，使黄河水更加混浊，达到了"平时之水，沙居其六，一入伏秋，则居其八"的严峻局面。

据统计，历史上黄河下游决溢改道计1 575次。其中，自商周至隋朝只有2.9次；唐代至元代则有474次，平均每10年6.3次；明清时期，上升到934次，平均每10年就有17.2次，较唐宋增加了近两倍；从1912～1936年共发生103次，平均每10年猛升至47次。

上述资料充分表明，黄河下游决堤改道的频率与中游黄土高原生态环境演变特点密切相关。

## 二、流域生态环境治理的进展与问题

黄土高原经过初步治理，水土流失有一定程度减轻，一些水土保持搞得比较好的县、乡、村和农户，都显著改变了面貌，黄河中游来沙量有明显减少。

据调查统计，目前已初步治理的面积达 16 万 km²。其中，兴修基本农田 530 万 hm²，营造水土保持林草约 1 000 万 hm²，建成淤地坝 10 万余座，以及一批谷坊、涝池、水窖等小型水利水保工程；自 1986 年以来，还安排修建水土保持治沟骨干工程近 1 000 座。大规模水土保持措施的实施，带来了可观的效益，累计综合效益约 2 000 亿元。

据专家分析测算，自 20 世纪 70 年代以来，各种水土保持措施平均每年减少入黄泥沙 3 亿 t。在一些重点治理区，效果尤为明显，如三川河年均输沙量比治理前减少 52%，无定河年均输沙量比治理前减少近 60%。

当然，就黄土高原整体的生态环境而言，由于人口不断增加的压力，资源利用得不够合理，有的地区还存在边治理、边破坏的现象，所以，部分地区生态环境虽然有所改善，但是，大部分地区（还有三分之二水土流失区）还未系统、全面地进行综合治理，治理任务还很繁重而艰巨。即使加大投资力度，加快实施进度，预计还得数十年（30 ~ 40 年）时间，才能完成。

从以往已取得的减沙效益来看，绝大部分是在工程措施中，由坝、库拦沙所取得的，而植树造林，育草措施占整体减沙中的比重还较小（一般只占 10% ~ 20%）。况且，工程措施在减沙的同时，也减少入黄的水量，自 20 世纪 70 年代以来，水利水保措施平均每年减少入黄泥沙 3 亿 t 的同时，也减少了入黄水量约 28 亿 m³，达不到减沙增水的目的。因而，今后应增加生物措施的比重，才能改善地域气候（增加降水量），改良土壤结构（提高抗蚀能力），降低径流系数（提高涵养水源）等作用，以达到减沙增水改善生态环境的综合效益。

# 三、生态环境治理的方向与主要途径

对黄河上中游的生态环境特点，治理中存在的主要问题，以及黄河下游河槽淤积缩减、排洪不畅等新情况，提出如下几点对策。

## （一）总体规划、综合治理

要以可持续发展的理论为指导，把全流域作为一个整体系统，从自然、社会到经济，进行综合考虑与宏观调控，建立相应的管理与经营体制，安排好群众的生产与生活。针对黄河水少沙多的实际情况，在加强干支流水利枢纽工程建设的同时，重点搞好中游植被与水保工程和下游河槽减淤刷深工程等。

在小流域治理上，采取治沟与治坡相结合，工程措施与生物措施、耕作措施相结合，自力更生与国家辅助相结合。实行自上而下的坡面防冲与自下而上的沟道控制的方法，综合治理、集中治理、连续治理，使水土资源在别、坡、沟和上、中、下游都有利于生产，有利于生态环境建设。

## （二）加大力度搞好植树造林、封山育林、退耕还林、退坡育草

历史的经验与教训表明，提高地域性的植被覆盖率，是生态重建的重要标志。具体措施如下。

### 1. 开展群众性造林绿化工作，加速全流域防护林和公益林建设

要贯彻乔、灌、草相结合；防护林与经济林相结合，封山育林与造林相结合，生态措施与工程措施相结合。

**2. 加快退耕还林、退坡育草的进度**

此工作势在必行，成功的关键在于安排好农村剩余劳动力向服务业和加工业转移，解决好粮食及生活问题。在坡度大于25°的陡坡和水土流失严重的地段，应坚决杜绝开荒，己开垦的也要尽快退耕还林；在不宜造林的牧坡，应实施种植牧草。

**3. 加强法制建设，提高全民族森林保护意识**

要完善配套法规，加强执法和宣传力度，并严格执行森林法，杜绝破坏森林事件出现。

## （三）发展生态农业，缓解人口、资源、环境的矛盾

生态农业是一种高效、高产、优质的农业，是节约和保护资源的重要途径。其特点是以可持续发展的观点去解决生存与环境问题，是在不断提高产品数量与质量、生产效率、经济效益等的同时，重视环境质量与生态平衡；生态农业运用各种生态系统和现代科学技术，使资源达到合理、高效、永续地利用；生态农业运用系统工程的原理，去调整人口、资源、环境与经济发展之间的关系。

例如，黄土高原干旱缺水是制约生产发展的关键性因素。所以，如何用好梯田、坝地、坡塘、水窖等来调蓄地表径流，搞好雨水集流，增加降水的有效利用率等，是其重要措施。

另外，调整好作物结构和布局，使作物需水量大小尽可能与该地区水的丰歉相吻合，作物用水时间尽量与降雨时段相协调，从而缓解水源供需之间的矛盾。应利用作物间共生的原理，推动间作套种，利用作物生长的时间差，去提高复种指数等。

## （四）集中治理主要产沙区，减缓下游河道淤积速度

观测试验表明，黄河下游在输送泥沙过程中，淤粗排细的规律十分明

显。在小浪底以下至利津段的河道淤积物中，泥沙粒径大于 0.05 mm 的粗沙占 69%，而且大部分淤积在河槽中（少部分淤积在滩地上）。调查研究得出，有 80% 的粗泥沙来自中游的河口镇至三门峡的 10 万 km² 地区，其中有 50% 源于 3.8 万 km² 范围内，其具体部位一是在皇甫川至秃尾河的各条支流的中下淤地区；二是在无定河中下游及广义的白于山河源区。这些地区的粗泥沙输沙模数每年每平方公里可达 10 000 t。该地区生态环境恶劣，治理难度很大。今后，应加大力度，集中治理、综合治理，力求取得明显的进展。

### （五）着手解决补源措施，改善水沙不协调的局面

水是生态环境中最活跃的因素，黄河流域大部分地区属于干旱、半干旱气候区。长期以来，干旱和洪涝是制约流域生态环境的两大不利因素，其核心问题是水少沙多，水沙失衡。由于干旱缺水，天然植被恢复慢，作物单位面积产量低；由于水少沙多，泥沙输送入海数量减少，淤积在河道数量增多，排洪能力下降。所以，要从根本上改善生态环境，还得从增水减沙入手。

作为一条多泥沙的黄河，其防洪的经验是："有槽（槽深）则泄洪排沙能力大，洪水位低，河道水势变化小。"否则，洪患威胁就大。

目前，黄河的现实情况是，从 20 世纪 80 年代后期以来，黄河年来水量大幅度减少，花园口站年均径流量减少近一半，入海水量减少 60%；汛期水量由原来占全年水量的 60%，降低为 30% ~ 50%；年来沙量减少的幅度，小于年水量减少的幅度，全年泥沙集中在汛期进入下游，导致高含沙发展的机遇增加。上述情况造成的恶果是，下游主槽淤积抬高快，容易出现横河、斜河和滚河等不利于防洪的严重局面。

黄河下游年水量减少的趋势（全流域需水量不断上升），即使小浪底水库建成后，也难解决。再说，黄河下游是条淤积性河道，据研究，每年必

须保持泥沙入海水量 200 亿 m³，才能维持下游河道现状的淤积水平，否则再过 20 年，小浪底 75.5 亿 m³ 的拦沙库淤满后，下游河道淤积就很难解决。

从战略高度，要治理好黄河，除继续搞好各种水利工程措施外，一方面，要加大力度搞好水土保持，另一方面，应着手考虑南北水调问题，以江济黄，增加水源。因为，水多则沙可冲、淤可止，河槽可刷深，悬河状态可改变，洪患可避免，生产需水可解决，生态环境可改善。

# 第三节　资源开发对黄河三角洲生态环境的影响

## 一、资源开发过程中存在的人为生态风险

人为生态风险是指导致危害或严重干扰生态系统的人为活动，在黄河三角洲主要表现在井喷、油管泄漏等石油污染事故。井喷、输油管道泄漏等事故，向环境中排放了大量的原油或其他污染物，会严重影响区域环境。如芦苇被石油污染，会导致苇叶早枯和死亡；石油污染会使虾、蟹、鱼等数量锐减，影响鸟类的食物来源及质量；井喷有时还会直接使生物窒息，导致死亡。由于采油和输运设施广布于三角洲内，且主要油田位于芦苇沼泽和滩涂碱蓬等珍稀保护物种的生境带中，而且被石油污染的生态系统很难恢复。

## 二、建立高效生态经济发展模式

环境与发展密不可分，要想从根本上解决发展问题，必须转变发展模式。于是，高效生态经济作为一种新的发展模式被提了出来，挑战了传统的发

展观。所谓"挑战"，是指在传统发展模式下，"高效"和"生态"是一对矛盾。经济的高速增长必须以资源的高消耗和生态的破坏为代价，否则，经济的短期增长会大打折扣。高效生态经济就是力图使"高效"与"生态"相统一，找出一条既高效、又生态的路子。因而，高效生态经济的基本内涵可以概括为：在经济发展过程中，以生态经济和可持续发展理论为指导，通过科技进步和产业结构优化，以尽可能少的自然资源和社会资源，创造尽可能多的社会经济福利；通过生产模式的科学选择，减少经济发展对生态环境的破坏；通过体制创新和经济、社会组织优化，提高经济运行的效益和质量。要培育资源节约型、质量效益型、生态保护型、环境友好型的生态经济体系，建立起既能使经济高速增长，又能使资源永续利用、生态良性循环的新的经济发展模式，最终使以人为中心的自然—社会—经济复合系统得以全面、协调、可持续发展。

# 第四节　黄河断流对黄河三角洲生态环境的影响

黄河断流的危害主要表现在：

①使人类和其他生物生活用淡水资源短缺，油田生产受到限制。

②农作物缺乏淡水灌溉而减产，水稻田不能继续种植。

③黄河河道萎缩，导致小水时高水位、高险情。

④河口段海岸线由游进变为蚀退，土地面积减少，风暴潮灾害影响将更加深入内陆。

湿地退化，生态系统发生变异，珍稀保护物种受损、被迫迁徙甚至灭绝等。

黄河断流的危害具体分述如下。

## 一、对黄河水资源的影响

据黄河利津水文站 1950 ~ 1995 年的观测资料，黄河在三角洲地区年平均径流量为 366.4 亿 m³。1972 ~ 1995 年因出现断流，年平均径流量已减至 317 亿 m³。在 1991 ~ 1995 年的 5 年间，黄河断流 339 天，年平均径流量锐减到 161.6 亿 m³，仅为 1950 ~ 1995 年年平均径流量的 44.1%。黄河断流发生在非汛期，故以非汛期年平均流量 722 m/s 和年断流天数计算，黄河自 1972 年出现断流至 1995 年，三角洲黄河来水减少 317.51 亿 m³，等于 1972 ~ 1995 年黄河一年的平均流量，等于 1991 ~ 1995 年黄河 2 年的平均径流量。可见，黄河断流对三角洲地区水资源的损失影响是巨大的。

## 二、对黄河水质的影响

据黄河流域水资源保护局 1998 年的资料，20 世纪 70 年代后期，排入黄河的工业废水和生活污水为 18.5 亿 t，80 年代初增至 21.7 亿 t，进入 90 年代猛增到 32.6 亿 t，比 80 年代初增加 50% 以上。照此速度估算，21 世纪入黄废水将增加到 52.3 亿 t，为 1990 年的 1.61 倍。废水中主要的污染物为氮、磷、挥发酚、石油类等，以 BOD5，COD 的含量高。黄河已受到有机物、微生物与重金属的污染，并且污染继续加剧，黄河水质已达不到地面水 I 级标准。枯期小流量水质更差，且流量越小，污染越严重。黄河断流后，减少了污染物非汛期的下泄量和入海量，在黄河复流后，来水冲刷废污水骤然下泄，短时间内随之剧烈变化，会影响三角洲地区水质和生活饮用，甚至有时可能发生突发性污染事故。

## 三、对地下水环境的影响

　　黄河三角洲几乎均为松散岩内孔隙水，地下水分为淡水、咸水和卤水。淡水约占全区地下水总面积的 4%，咸水和卤水分别占 70% 和 20% 左右。地下水位动态受水文、气象、季节变化控制，年水位呈下降—上升—下降的周期性变化。1~6 月水位下降，正值黄河断流之际，直接渗入补给地下水水量减少，淡水分布范围缩小；引黄灌溉停滞，地下水补给量锐减，且又值春播旺季，不得不开发地下淡水。而浅层地下水分布面积小，可采量有限，只有开采 300 ~ 500 m 的局部范围深层地下水，造成区域性下降漏斗。如 20 世纪 70 年代后期，因大量开发利用地下水，浅层地下淡水水位迅速下降，形成了以花园和稻庄为中心的降落漏斗，漏斗中心水位埋深由原来的 -4 ~ -3 m，降到 1997 年的 -30.25 m，改变了地下水由南向北径流、排泄的地下水水动力场，形成了由降落漏斗四周向漏斗中心径流的水流动力场，破坏了咸、淡水之间的极限平衡，又形成了北部咸水向南入侵的状况。

　　另外，滨州市区的北镇漏斗也是这样的例子。漏斗中心深层水头以每年 2.5 m 的速度下降。因此，长此下去，将会引起地面下陷、大坝坍塌、海水倒灌、咸水入侵，造成地下水质恶化，加剧了水资源的危机。

## 四、对油田勘探开发生产的影响

　　黄河断流给以黄河为主要水源的油田开发造成很大损失，油田部分油井因无水可注或注水不足，造成石油大量减产。虽然本地区建有大、中、小平原水库 70 余座，蓄水能力达 4.85 亿 m³，但这些水库的水源来自黄河，如果黄河长时间断流，水库蓄水得不到补充，就会直接影响油区的生产和生活。如 1995 年黄河断流 122 天，断流长度达 683 km，使得平原水库得不到及时的补充，为保证居民生活用水，油田减少向地下生产注水 260 亿 m³，减产原油 30 亿 t，按原油 720 元 /t 计，直接经济损失达 2.16 亿元。1997 年断流时间更长，为 226 天，断流长度为 704 km²，造成 1 333 km² 粮食绝收，减产粮食 27.5 亿 kg，棉花 5 000 亿 kg，油田 200 口油井被迫关闭，直接经济损失超过 135 亿元。

## 五、对植被生态系统演化的影响

黄河河口地区的植被生态系统经常受到黄河改道、决口泛滥和海潮侵袭的影响，是一个极不稳定的生态系统。河口地区的地表植被以草甸为主，林木稀少。草甸可归属于普通草垫植被、盐湿生草甸植被、盐生草甸植被和盐生植被四种类型。黄河断流使得四类植被中盐生植被、盐生草甸植被范围扩大，盐湿生草垫植被和普通草垫植被面积减少。

黄河三角洲的草甸生态环境十分脆弱，是一个极易演替的不稳定的生态系统。促使草垫生态良性发展的动因是黄河的水沙资源。在正常年份，随着陆地向海淤积延伸，各植被类型从盐生植被向普通草垫植被演替。而导致草垫生态逆向变化的主要原因是天然的海潮侵袭和人类的过度垦殖、放牧。若黄河断流、海潮侵袭加剧，则会发生从普通草垫植被向盐生植被的逆向演替。因而，黄河断流对河口地区的植被生态系统良性变化，极为不利。

## 六、对河口湿地生态系统的影响

湿地是一种重要的自然资源，也是人类及许多野生动植物生存的环境之一，生物多样性丰富。黄河断流，使河口生态系统退化，生物多样性相应减少。

黄河三角洲天然湿地是地球暖温带地区最完整、最广阔、最年轻的湿地生态系统，发育三种类型的湿地：

①潮上带湿地。地面高程为 3～5 m，该区的水主要来自降雨和黄河，植被主要为盐生植被。

②潮间带湿地。该区地面高程为 0～3 m，生长盐生植被。

③潮下带湿地。该区为海洋带，床底高程为 0～-6 m，潮水位的变动和复杂的地形，容纳了许多种类的鱼、虾、贝类和藻类。

黄河三角洲自然保护区位于黄河入海口和 1976 年之前入海故道附近，其保护着世界上增长最快的河口湿地生态系统，保护着栖息和迁徙来的珍稀、濒危鸟类及适应它们的环境，保护着生物多样性，包括遗传多样性、物种多样性和生态系统多样性，即从基因水平到种群、生态系统水平的综合。

自然保护区内共有各种植物 393 种（含变种），动物资源有陆生动物生态群和海洋动物生态群，有记录的野生动物 1 524 种，包括陆生脊椎动物 30 种、陆生无脊椎动物 583 种、陆生性水生动物 223 种、海洋性水生动物 418 种。

自然保护区内还保护着新生土地上的生态系统、珍稀濒危鸟类和其他濒危物种。大面积的浅海滩涂和沼泽、丰富的湿地植被和水生生物资源，为鸟类的繁衍生息、迁徙越冬提供了优良的栖息环境，成为东南亚内陆和环太平洋鸟类迁徙的主要中转站、越冬栖息地和繁殖地。

据初步调查，该区生活着 265 种鸟类。其中很多是重要的国家级保护动物。

保护生物的生态环境是保护物种多样性的前提。黄河三角洲生物多样性保护的关键地区是湿地，生物多样性与湿地面积，是密切相关的。一般而言，湿地面积越大，淡水越多，在河口地带的生物多样性就表现得越充分。黄河断流造成湿地面积减少，生物多样性减少，尤其在春末和夏初的断流，对湿地的生态系统影响更为显著。

黄河断流还将使这一地区的淡水资源和与其相伴的土壤资源及各类营养物质的补给量断绝，在海水入侵、土壤盐化、沙化等的作用下，生态环境将迅速恶化，从而造成生态系统、生物物种和遗传基因多样性的丧失。

这种丧失是迄今为止任何高科技手段都无法补偿的。

# 七、对鱼类生态系统的影响

黄河淡水是三角洲区域养殖业和河口海域鱼类繁殖的重要基础。黄河断流使鱼类生态系统失调，对养殖业也产生了致命的危害。

据有关资料，1994 年，三角洲地区淡水养殖面积达 1.28 $km^2$，养殖种类有 20 多种，产量为 51 400 t，黄河断流期间养殖水面季节缺水，产量减少 20%。河口海域在黄河断流后改变了海水温度和盐度，制约了对虾、鹰爪虾和三疣梭子蟹在河口海域产卵和幼体发育。由于水位降低、盐度升高，影响它们的产卵期、产卵量、成活率和资源量。

另外，还直接影响梭鱼、鲈鱼、黄鲫、小黄鱼等鱼类的产卵、幼体发育和分布，既影响其繁殖，又影响其捕获量。此外，黄河断流使泥沙减少，也不利于毛射生活和潮间带生物的生存。

# 第五章　黄河三角洲生态环境问题研究

## 第一节　黄河三角洲生态环境概况

### 一、黄河三角洲生态环境的脆弱性

黄河三角洲具有丰富的自然资源，正处于大规模综合开发阶段。但是生态环境脆弱是它的一个突出弱点，也是区域开发的一个重要限制因素。

现代生态学认为，在生态系统中，凡处于两种或两种以上的物质体系、能量体系、结构体系、功能体系之间所形成的界面，以及围绕该界面向外延伸的"过渡带"的空间域，即称为生态环境交错带。因为这种交错带一般都较脆弱，所以，也有人直接称为生态环境脆弱带。

根据"界面"理论，生态环境"脆弱"的特征，可以表达如下：

①可被代替的概率大，竞争的程度高；

②可以恢复原状的机会小；

③抗干扰的能力弱，对于改变界面状态的外力，具有相对低的阻抗；

④界面变化速度快，空间移动能力强；

非线性的集中表达区，非连续性的集中显示区，突变的产生区，生物多样性的出现区。

生态交错带有三种存在的方式，即点、线、带三种状态。从宏观的角度去认识，像城乡交接带，干湿交替带，农牧交错带，水陆交界带、森林边缘带、沙漠边缘带、梯度联结带等，都是生态交错带，一般也都是生态环境脆弱带。

用这种理论来分析黄河三角洲的生态环境，不难看出，各种生态系统的交错及其脆弱性表现得特别突出。这里宽阔的海岸带是陆地生态系统和海洋生态系统的交错带，由于黄河淤积和摆动，海岸带频繁前进或蚀退，呈现不稳定的特征，每遇风暴潮，便没草场农田，造成土地盐渍化。河口是淡水生态系统和海水生态系统的交错点，巨大的拦门沙阻止水流的顺畅和河海通航，而陆地河流也带来大量营养盐类或排放污水废物，对海洋生物施加利不同的影响。陆地生态系统与淡水生态系统交接，像宽阔的黄河滩地，池塘水库的边缘等，黄河为"悬河"，一旦溃决，则会对两岸人民生命财产和油田建设造成不可估量的损失。农田、草地、湿地生态系统相互交错，三角洲成陆时间晚，土地发育不稳定，肥力易衰退，不合理的耕作农垦和滥牧极易破坏植被，引起土地的盐渍化和沙化。城市郊区是城市生态系统与农村生态系统的交接带，有错综复杂的物质转移和能量流动，三角洲的中心城为崛起的矿区城市，正在扩张和建设之中，城乡过渡带的时空变化，表现出十分迅速和不稳定的特征。遍布三角洲的油田矿区成为被其周围环境生态系统所包容的"生态脆弱点"，在生产加工原油的同时，也成为不同级别的污染源，造成环境的恶化。

以上种种生态环境的脆弱部位错综复杂地交织于黄河三角洲，而每一项都表现得十分突出。所以，导致了黄河三角洲总体环境的脆弱性。

当然，生态环境脆弱带本身，并不等同于生态环境质量最差的地区，也不等同于自然生产力水平是低的地区，只是在生态环境改变的速率上，在抵抗外部干扰的能力上，在生态系统的稳定性上，在相应于全球变化的敏感性上，包括在资源竞争、空间竞争的程度上，表现出其脆弱的一面。另外，许多生态系统交错带是生物物种复杂、活跃和高产的区域所以，任何开发较好的河口三角洲，都充分利用这种边缘效应，来改造自然生态系统为合理的人工生态系统，力图制造更丰富，更高的生物生产力，以全面发展三角洲地区的农林牧渔业和改善城市生态环境，长江、珠江三角洲和世界上许多大河三角洲的发达繁荣，就是例证。

## 二、黄河三角洲生态系统的不稳定性

生境条件的特异性决定了生态系统的不稳定性，各种植物群落都处在变化的不同阶段中。植被动态，除与垦殖、放牧、工业污染有关外，主要与土含盐量的多寡紧密相关。盐渍化程度，大致沿海岸线以带状向内陆逐渐递减，植物群落的演变也以此形成规律性变化。

海潮与黄河泛滥改道的交替演变，是生态系统不稳定的重要因素。在月高潮的 10 km 左右，定期受海水侵没，泥土含盐高，是无植物生长的光板地。在年高潮的 10 ～ 15 km 区段内开始生长黄须。再向内陆延伸，盐分逐渐降低，出现耐盐生植物，构成黄须、怪柳或马鲜草、黄须、海蔓荆群落。因植被覆盖度逐渐增大，减少了蒸发，土壤结构开始变好，马伴草取代了黄须，构成了盐生草甸植被。而后，由于土壤有机质的递增，盐分逐渐下降，为菊科、禾本科等草甸植物创造了有利生长的条件。

大海潮所达之地，一切植被又会徙变为盐生植被，如 1938 年的一次大潮，入侵范围达到目前海拔 6.2 m 的地带，又如 1890 年的一次大潮，入侵范围到达目前海拔 7.6 m 的地带。黄河决口或改道，盐生植被又会徙变为沼泽草甸植被或菊科、禾本科草甸植被。历史上黄河有 20 余次改道，其中 19 次经山东入海，形成了新老河口区。自 1866 年铜瓦厢决口改道以来，在河口区近代三角洲上实际行水 90 年，大改道 12 次，每次行水 3 ～ 19年。其中，沿三角洲北部行水 19.5 年，东北部 59 年，东部 11.5 年。其改道，先行东北方向，次行东或东南，最后又东北，完成了第一次河道流路横扫三角洲的演变大周期（大循环），行水历时 48 年。第二次大循环顶点向下推移，行水 42 年。这也就是三角洲生态系统，由上向下逐渐向海推移的不稳定发育过程。从北镇至入海口 120 km 长的现行河道，是受周期性源堆积和潮源冲刷影响的河口段，其口门沉积延伸，河道不断摆动演变。每一条具体流路，平均流经 8 年左右（小循环），小循环在三角洲摆动顶点又是从下向上演变。如 1964 年凌汛，被迫人工改道，汛期无主槽，漫流入海，河床强烈冲积，1967 年断面增高 3 m，口门延伸 27 km。利津站多年（1949～1978 年）测定，黄河河口段平均年输沙量 11.27 亿 t，大量泥沙沉积，形成了决口、改道，影响植被不断演替。

远离海潮和河水泛滥的地方，地形和地下水垦殖与耕作、烧荒与擦荒、放牧与割草等，是影响生态系统不稳定的直接原因。

地形和地下水的动态，对土积盐和脱盐影响很大。高程在 3.5 m 以上的低洼地，由于排水不良有积水，形成大面积沼泽地，原生长甸的马半草已不适应，被喜湿性的芦苇、获代替，由盐生草甸已演变为湿生草甸。沼泽草甸形成后，有机物逐渐积累，盐分进一步淋溶，积水消退，渐渐演变成适宜于中生型白茅的环境条件，进而取代芦苇，构成白茅、狗尾草、野豆子群落，成为可垦殖荒地。中华人民共和国成立后，先后在这些地方建立国有农、林、牧场 17 个，社办农、林、牧场 16 个，开垦荒地 268.6 万亩。垦殖后，天然植被遭破坏，有的农场重视种地与养地，建立起农田生态系统的新平衡，有的由于农业结构不合理，耕作制度混乱，土壤肥力递减，种不了几年就演变为盐渍化荒地，被迫大面积擦荒。弃耕地经过一段时间的休闲，会自然演替为擦荒地。原土壤质地和植被类型，对弃荒地演变影响大。在那些湿生草甸弃耕地上，芦苇根茎本来潜在，短期内即可复生为芦苇、蒿类植被。滨海群众还有烧荒习惯，每当 2 月焚烧枯草，若经连年烧荒，白茅和豆科植物会逐渐减少，进而由罗布麻取代。在马场和居民区附近，因过度放牧，植被生育削弱，草层覆盖度降低，纯芦草群落逐渐演变为蒿类群落，草食性变劣。

　　黄河口地理位置又导致了上游汇集来的工业废水污染，致使生态系统严重遭受破坏。如小清河水系，自六十年代初开始污染，现已完全变成一条流经黄河口地区的排污河了。据环保部门测定，济南曾日排入污水56万t，明水从杏花沟、绣江河排入2万t，淄博从孝妇河、朱笼河、乌河排入12万t，齐鲁化学工业公司从淄河排入5万t，总计日排污水75万吨。再加当地工业污水汇集，日污水量达80万t，污染危害逐年加重。1979年检测，中游以上全为重污带，中游为甲型中污带，下游为乙型中污带，塞污带已不存在。仅朱笼河两岸的600 m污染区，近几年由于酚、六六六、有机磷、有机氯、铬等致毒物就严重造成了农业减产、植被破坏、动物减少。1980年由于污灌，沿途两县7个公社，364个大队，42 259亩小麦受害绝产。其中，三氯乙醛达6 mg/L，超过国家规定污灌标准0.5 mg/L的12倍。

　　胜利油田油井广布在黄河口地区，曾每天分离石油污水72万t，其中油井回灌用去60万t，仍有30 000 t含油、酚污水排出。如淄河水含油7.66 mg/L，超过地面水0.3 mg/L的24.6倍；酚0.004～0.127 mg/L，超过地面水的11倍。同时，石油污水矿化度高达5万mg/L，极易碱化土壤，破坏植被。1979年，博兴县纯化公社，利用跃进河的石油污水灌田，5 000亩麦田很快致碱（矿化度达4 000 mg/L）。虽然经省人民政府决定，对淄博工业和胜利油田污染所造成的损失分别赔了款，但是，污染不是减轻，而是在加重，生态系统直接受到破坏。

　　由于生境特异，工业污染和人口逐渐迁居，形成了河口地区生态系统的极不稳定性，决定了此区资源开发上的难度性，保护上的迫切性。

# 第二节　黄河三角洲生态环境现状及其存在问题

## 一、黄河三角洲生态环境情况

黄河三角洲生态系统区域分异特征明显。黄河自 1855 年夺大清河道入海以来，又经历了多次改道，每次改道都形成一个小三角洲。1953 年后，平均成陆速率为 43.6 km²/ 年，三角洲每年有大面积陆地产生。

黄河三角洲生态系统还具有脆弱性的特征。由于黄河断流、自然灾害、人类活动加剧等因素影响，近年来黄河流域降雨量不多。同时，沿河工农业用水和居民生活用水日益增多，造成黄河水量越来越小，黄河下游频频断流。从而对黄河三角洲地区的生态系统造成严重威胁。降水量年内分配极不均匀，旱涝、冰雹、龙卷风、霜冻等灾害时常发生，对生态系统威胁很大。20 世纪 80 年代在黄河三角洲大规模开发中，人类活动加剧，片面追求资源开发的速度与规模，对生态系统造成巨大的负面影响。

## 二、黄河三角洲生态环境存在的问题

黄河三角洲生态环境存在的主要问题，有土壤盐渍化、黄河水量减少及湿地生态环境恶化等。

### （一）土壤盐碱化程度高

黄河三角洲均为退海新生陆地，土壤类型主要是潮土和盐土两大类。从内陆向近海，土壤逐渐由潮土向盐土递变。多数土地后备资源土壤呈高盐性，且地势低洼，地下水埋深浅，土壤次生盐渍化威胁大。地下水水位高而被海水渗透。因此，黄河三角洲难以大面积种植根系发达到深层土的乔木。在这样的土地和植被条件下，三角洲的环境十分脆弱，自我恢复的能力很弱，难以承受污染。

国内外大量研究表明，土壤中盐分积累过程是一系列作用于不同时空尺度上，自然和人为因素相互叠加作用的结果。在众多环境因素中，对原生土壤盐渍化过程影响最为显著的因素包括气候、沉积环境、土壤母质、地形、水文地质条件等。造成土壤次生盐渍化因素主要有灌溉、砍伐森林、各类蓄水工程等。分析区域土壤盐渍化发生的自然条件和主导的环境要素，是理解土盐渍化过程的基础，对于更好地预防和治理土盐渍化，具有十分重要的作用。黄河三角洲的沉积环境、气候条件和土壤母质，决定了原生盐渍化土壤在区域内广泛分布，超过50%的土地为不同程度的盐渍化土壤。伴随着当地农业的发展、平原水库的修建和重灌轻排的耕作方式，加上区域本身地下水埋深浅且矿化度高，使黄河三角洲土壤次生盐渍化也日趋加剧。受盐渍化的影响，使得该区原本脆弱的生态系统发生退化，植被生境和多种珍稀的野生动物栖息地遭到威胁。土壤盐渍化已成为当地生态系统和农业可持续发展最重要的环境问题。

**1. 黄河三角洲盐渍土发育的自然条件**

（1）气候因素。

黄河三角洲位于山东省东营市境内的黄河入海口地区，在气候类型上属于温带季风型大陆性气候。根据1966～2001年东营市气象站点实测资料，黄河三角洲多年平均降水量为537.4 mm，多年平均蒸发量为1 885.0 mm，年蒸降比约为3.5∶1。

蒸发量远大于降水量，为土壤剖面中盐分向上运移提供了有利条件。受季风气候的影响，降水量集中在汛期6～9月，约占年降水量的75.5%，而其他季节干旱少雨。土壤剖面水盐垂直运动强烈，形成土壤季节性的返盐和脱盐。一年中，土盐分季节变化的总体规律为春季积盐、夏季脱盐、秋季回升、冬季潜伏。

（2）地形地貌。

黄河三角洲总体地形平缓，地形比降为1/8 000～1/12 000。受黄河不断泛滥改道影响，区域内微地貌类型发育较为完整，主要有古河道遗留下来的自然堤、河漫滩地、背河洼地、缓斜平地和滨海低平地等。区域内水盐受微地貌的影响而发生重新分配：河滩高地、决口扇形地，沉积物颗粒较粗，坡度较陡，有利于盐分的迁移，土壤含盐量均值约为3 g/kg；河漫滩地受河水侧渗的淡化脱盐作用，土壤含盐量较低约为2.2 g/kg；故道两侧的背河洼地，随着沉积物颗粒逐渐变细，黏土颗粒吸附元素的能力增强，其离子含量不断升高，土含盐量平均值达到13.6 g/kg；缓平的低地及洼地是盐分聚集区，往往形成大面积中等或重度盐渍化土壤，含盐量平均值约为11.7 g/kg；滨海滩涂地区受高矿化度地下水和海水入侵的影响，土壤含盐量可达到30 g/kg以上。

（3）水文地质条件。

黄河三角洲位于华北凹陷的东北部，由于长期以来地面沉降加上河流作用，区域内沉积了巨厚的第四纪地层，厚度可达500 m。区域内水文地质钻孔资料揭示，河积粉砂和潮汐沉积物是地下水主要的赋存介质。黄河三角洲地下潜水普遍埋深较浅（平均埋深为1.14 m），且矿化度较高（含盐量平均值为14.3 g/L）。黄河三角洲地下水含盐量空间分布不均，以黄河河道为轴，沿地下径流排泄的方向，地下水中的含盐量迅速升高。盐渍土分布格局受到地下水埋深和矿化度空间变化的影响，地下水埋藏浅且矿化度高的地区，土盐渍化程度也越高。河道间的闭合洼地作为地表、地下径流的汇集区，各种离子元素不断升高，加上径流排泄不畅，成为受盐渍化危害最为严重的地区。

（4）海水浸渍。

黄河三角洲位于滨海湿润－半湿润海水浸渍盐渍区海氯化物盐渍土片，属于现代积盐过程。土壤盐渍过程先于成土过程，是在盐渍游泥的基础上逐渐成陆发育而成。陆地形成以后，又受到海水经常性的淹没和侧向浸渍，在强烈的蒸发积盐作用下，形成高矿化度的滨海盐渍土。随着陆地形成过程的进一步发展和自然植被的繁衍，土壤形成过程加强，积盐过程减弱，逐渐演化为各种草甸盐土。研究区东部受海水的浸渍侧渗作用较强烈，地下水矿化度相对较高，这些部位受地下水返盐影响更为强烈，导致表土盐分积聚性明显高于其他部位。而近年来沿海地区降雨量减少和河流断流频繁，使得海水沿河道或由地下侵入含水层，打破了沿岸地区的咸淡水平衡，进一步加剧了沿海地区盐渍化的程度。此外，沿海地区还容易受到经常性风暴潮的影响，也是沿海地区土壤中盐分不断积聚的重要原因。

（5）植被覆盖。

黄河三角洲的植被可分为人工植被和天然植被。人工植被主要包括：人工刺槐林、杨树林、棉花、小麦和冬枣等。黄河三角洲的天然植被大多为耐盐植被，主要包括芦苇、柽柳、翅碱蓬、獐茅、白茅等。黄河三角洲植被与土壤盐分的关系可谓相依相存、相互影响。一方面，植被是天然的土壤盐分指示剂，通过植被类型、长势和健康状况，可直观判定土壤盐渍化程度。对于黄河三角洲来说，不同植被覆盖条件下土壤盐分含量的一般规律为：刺槐林地＜芦苇草甸＜柽柳灌丛＜翅碱蓬地＜裸地。

众多学者采用不同的试验方法，证实了黄河三角洲的各种盐生和耐盐植被具有降低土含盐量，改善土壤的功效。通过栽培试验得出翅碱蓬、柽柳等六种耐盐植被对盐碱地改良的效果明显。在种植上述耐盐植被两年后，土含盐量减少在54.0%～57.9%，而土壤有机质含量则增加了81.7%～200.0%。由此可见，广泛种植耐盐植被、增加土壤覆盖度，是改善黄河三角洲盐渍化土壤最重要和有效的生物措施。

2.对黄河三角洲土壤盐碱化的认识

（1）黄河三角洲约有 90% 的土壤属于不同程度的盐渍土范畴。其中，原生盐渍土约占 70%，次生盐渍土约占 30%。次生盐渍土虽然在数量上不是黄河三角洲盐渍土的主要组成部分，但其盐渍化程度之高、发展之迅速，应当予以足够的重视。

（2）黄河三角洲土壤剖面盐分表聚现象严重，表层含盐量与底层含盐量比值约为 1.8 ：1。且区域上表层土壤盐分的空间变异较大，而底层土壤的含盐量相对较稳定。

（3）黄河三角洲原生盐渍土含盐量影响最重要的三个环境因子分别为地下水埋深、矿化度和植被覆盖。由此可见，控制地下水埋深、改善地下水质和增加植被覆盖等措施，是防治黄河三角洲土壤盐渍化重要手段。

（4）黄河三角洲次生盐渍土含盐量影响最显著的三个要素分别为：离排灌水渠的距离、地下水矿化度和地下水埋深。可见，已有的田间灌溉排水设施对改善土壤盐碱化起到了一定效果。但同时必须加强对农田灌溉用水水质和地下水埋深的监测。要预防黄河三角洲由于过度开垦所致的次生盐渍化土壤面积和程度不断增加，必须执行"农田开垦，水利先行"的方针，建立合理高效的灌溉排水设施，以确保黄河三角洲地区农业的可持续发展。

## （二）黄河水量持续减少

理想的河流系统分汇流盆地、搬运河道和堆积区三部分，也可以看成三个子系统。虽然在每个子系统中均发生侵蚀、搬运和堆积，但是，在各子系统中，分别以一种不同的作用为主。每一个子系统都包含两个方面的系统，即形态系统（构成各部分的地貌）和能流系统（通过各部分的能量流和物质流）。影响流域系统的变量很多，有些变量是独立变量。例如时间、起始起伏、地质和气候。其他变量为非独立变量，受上述四种独立变量的影响。例如，水文、植被、地形起伏、侵蚀基准面以上河流系统的体积、河网形态（河网密度、河床平面形态、坡度和河型）和坡地形态（坡度、坡长和坡面形态）、侵蚀基准面等。

在黄河下游，水文条件，即来水来沙是影响河流子系统的最重要的变量（能流系统），也是影响到下游河道系统的侵蚀与堆积，以及河口地区岸线（形态系统）变化的主要因素。

以下主要讨论黄河水量明显减少对下游河道冲淤和河口地区海岸带变化的影响。

### 1. 黄河中下游水量减少情况

随着黄河流域各地区工农业用水和流域水利水保措施的不断实施，进入河口地区的水沙量发生了明显的变化。据统计，利津站20世纪90年代平均年水量为122.8亿 m²，仅占50年代来水量的26.5%。90年代平均沙量为3.47亿 t，仅占50年代来沙量的26.4%。其中，90年代汛期沙量仅为50年代的26.8%。1972～1999年的28年间，利津站有22年发生过断流，共计断流86次1 091天。自2000年以后，虽然黄河小浪底水库的有效调节和黄河水资源统一调度管理的加强，使黄河断流得到遏制，但是黄河来水量仍持续偏少。

黄河下游水量的明显减少从20世纪70年代开始。其特征是从上到下，减少的量越来越大。黄河洪水主要来自中上游的降水，但黄河中上游的降水量除20世纪70年代偏少约200 mm外，其他时期变化很小。可见，黄河下游水量减少主要与人类活动有关。修建水库，引用黄河水资源是黄河水量减少的主要原因。

### 2. 黄河下游河床侵蚀与堆积情况

1973年11月至1980年10月，黄河下游年均来水量为395亿 m³，为多年平均值的85%，来沙量为12.4亿 t，为多年平均值的80%，年均含沙量31.3 kg/m³。就全断面而言，花园口站以上河段冲刷，以下沿程淤积，淤积集中在夹河滩至孙口河段，占下游总淤积量的62%。河漫滩除花园口以上因河流冲刷有所坍塌外，以下沿程均为淤积。在河漫滩宽广的地区，由于滩面及生产堤的影响，在生产堤内淤积厚度大，生产堤外淤积厚度小，堤根甚至没有淤积，滩面横比降加大。

1981年11月至1985年10月，来水丰来沙偏少，黄河下游年均来水量482亿 $m^3$，来沙量9.7亿 t，年均含沙量仅20.1 $kg/m^3$。少沙区河口镇以上来水多，年均水量291亿 m，另一少沙区伊、洛、沁河来水亦偏丰，来沙偏少；而多沙来源区河口镇至龙门区间和渭、汾、北洛河来沙量仅为多年均值的39%和61%，大大减少。中大洪峰较多，1982年出现了洪峰流量为15 300 m/s的大洪水，1981年、1982年、1983年均发生大于8 000 $m^3/s$的洪峰，而且洪量较大，含沙量偏低，各次洪峰来沙系数均小于0.01。另外，中水流量（3 000 ~ 5 000 $m^3/s$）历时年均长达40天，水沙量均占汛期的44%左右。在这种水沙条件下，下游河床五年连续冲刷，累积冲刷泥沙4.85亿 t。河漫滩除高村至艾山河段淤积外，其他河段均发生冲刷，冲刷的形式主要表现为塌滩。

1985年11月至1997年10月，该时期为连续的枯水少沙系列，年均水量307亿 $m^3$，沙量7.5亿 t，汛期洪峰流量小，最大瞬时流量仅8 100 m/s，枯水流量小于3 000 $m^3/s$，历时年均长达114天，占汛期总天数的93%。非汛期下游断流加重。由于该阶段流量较小，冲刷不能遍及全部下游，加上枯水流量持续时间长，河道输沙能力降低，淤积比重加大。泥沙淤积主要集中在上段，铁谢至夹河滩的淤积量占下游总淤积量的49.2%；同时，艾山至利津河段的淤积量为每年0.35亿 t，占下游总淤积量的18%。同流量3 000 $m^3/s$水位黄河下游沿程各站普遍升高，花园口以上每年升高0.11 m，夹河滩至刘家园每年升高0.13 ~ 0.15 m，近河口段上升值稍大一点，张肖堂以下每年升高0.15 ~ 0.18 m。

### 3. 黄河口侵蚀与淤积情况

河口海岸在黄河水沙集中的汛期是游进的，而在非汛期流量小，海洋动力相对强，尤其是冬季半年寒流风浪较多，加之风力强劲，风区长，波高较大，直冲黄河沙嘴，会发生强烈的侵蚀作用。

从黄河下游河床冲淤情况看，在丰水期，除下游中段的高村至艾口段河床发生加积外，其他河段均发生冲刷；在枯水期，下游总趋势是发生淤积，高村以上淤积严重。可见，黄河水量的减少有增加下游河道淤积的趋势。黄河下游冲游的变化还和泥沙供给情况有关。从总体上看，随着黄河水量的减少，黄河输沙量也在减少。由于汛期和非汛期黄河水量差别较大，而输沙量差别较小，因此，汛期黄河有较强的搬运能力，河流堆积作用相对较弱，非汛期则相反。

从黄河口沙嘴的发育情况看，1989～1990年和1992～1993年拦门沙坝强烈增生的特征明显，该阶段对应利津水文站较大水量期。从黄河口岸线的变化情况看，1989年和1992年，是河口强烈向海游进时期。其中，1989年为丰水年，1992年虽然非丰水年，但黄河来沙比较丰富，因而黄河口也发生向海游进。1991年，是黄河口沙嘴大规模侵蚀后退时期，对应于黄河的相对枯水期。由此可见，黄河水量和沙量减少，是引起河口区淤积减弱和波浪侵蚀增强的原因。

黄河水量减小，包括总水量和洪峰水量的减少，会引起下游河床淤积，河口地区淤积减弱，甚至侵蚀后退，也会影响河口以外海岸带泥沙的供给情况，造成黄河三角洲海岸的侵蚀后退，必须引起足够的重视。

### （三）湿地生态环境恶化

由于黄河来水、来沙量锐减，导致河口淡水湿地面积缩减，据实测资料统计，1976～2000年，15 km宽的海岸线平均蚀退7.67 km，蚀退面积115.1 km²，2 m等深线处蚀退5.37～7.89 km，海床侵蚀下切了

4.22 ~ 6.67 m。三角洲湿地面积减小的状况还将延续下去。近年来，来自黄河和其他河流的污染物及生活垃圾对湿地的影响也很广泛，直接影响着整个湿地生态系统的质量。由于黄河来水量的减少，两岸导流堤的建设，影响和阻碍了陆海生态交汇，造成了浅海湿地生物失去陆地食物源，造成生物物种衰减。黄河三角洲湿地生态问题与变化趋势：

### 1. 湿地淡水资源缺乏

黄河三角洲的淡水资源主要包括当地水资源和黄河水资源。从当地水资源上看，该区年降水量为 564 mm，地表径流量约为 4.4 亿 m³，降水多集中在夏秋季节，占全年降水量的 66.8%。地下水可开采量仅 1.345 亿 m³，以微咸水和盐卤水为主，能饮用和灌溉的浅层及深层淡水分布面积仅占 4%，主要分布于小清河以南地区。因此，黄河是三角洲唯一可大规模开发利用的淡水资源。自 20 世纪 70 年代开始，黄河断流加剧了黄河三角洲生态环境的恶化。进入 90 年代以后，断流时间不断延长，断流范围不断扩大，1995 年实际断流 100 天，1996 年断流 93 天，1997 年断流时间最长达到了 227 天。1999 年以后，虽然水利部门对黄河水资源实行统一调度并实施"调水调沙"工程，使得黄河下游断流得到了有效控制和缓解，但从黄河上游注入河口湿地的水量仍明显减少。

### 2. 湿地与近岸生态退化

黄河上游来水量的减少，可导致土盐碱化加剧、地下水位下降、地面蒸发减少和环境退化等一系列生态问题，而一些依赖于湿地生存的动植物也由于湿地水环境功能的下降，明显减少。此外，减少的河口入海水量，以及黄河尾闾治理工程，对于近岸水域海洋生物的危害更为严重，特别是黄河尾闾治理工程的海岸堤坝，一定程度上在保护油田及东营市开发建设的同时，也阻断了陆海的生态交汇。由于失去了泥沙夹带的重要饵料来源，海洋生物的正常生殖繁衍受到影响，大量洄游鱼类游移它处，造成海洋生物链断裂，进而给近岸生态系统造成无法弥补的损失。另外，近几十年来，湿地受人为干扰的程度也在不断加剧，人工湿地面积增加，天然湿地面积减少。由于人为干扰强度的加大，黄河三角洲湿地与近岸生态系统的整体结构与功能，呈现出不同程度的退化状态。

### 3. 岸线蚀退与自然灾害

黄河三角洲为沿海冲积平原，平均海拔较低，且为新形成大陆，地质松软，自然地面下降速率约为 3 mm/ 年。受黄河上游径流量和岸线变化等自然因素的影响，海水倒灌引起的侵蚀作用使得整个湿地面积增加不大，甚至处于减少状态。黄河三角洲岸线长达 400 km，常处于东北向岸风场作用下，易受海潮、风暴潮侵袭，是中国风暴潮重灾区之一。另外，黄河下游部分处于淤积状态的河道，也使得其过洪、防洪、防凌、防灾能力下降，而海平面上升又可能引发更为频繁的自然灾害，进而导致湿地抵御自然灾害和环境污染风险的能力大大降低。

### 4. 湿地污染加剧

近年来，由于黄河三角洲工农业生产的迅速发展、油田开发力度的加大，以及湿地保护认识和规划管理滞后等原因，黄河三角洲湿地生态系统正承受着来自农业和人们生活环境污染，以及油田开发和生产过程中油污污染等的多重压力。

综上所述，黄河三角洲湿地生态环境问题，是多种因素共同作用的结果，随着该区工农业生产的迅速发展、油田开发力度的加大，以及该海岸蚀退、海平面上升等自然因素的影响，该区湿地生态环境问题日渐突出。

# 第三节　黄河三角洲生态环境变迁的原因

## 一、气候波动影响生态植被

### （一）冷暖交替、干湿叠加，是气候变化的基本规律

气候是某一地区多年的大气状况的平均值，温度（冷暖）、湿度（干湿）是大气状况常用的描述参数。影响气候形成的主要因子有太阳辐射、大气环流、下垫面的性质等。在自然状态下，气候会发生冷暖周期波动，在地质时期（距今 22 亿年至 1 万年），曾反复出现过三次大冰期，冰期期间，气温呈下降趋势；大冰期间为间冰期，气温呈上升趋势。在每次冰期或间冰期之间还会有小的波动。在历史时期（1 万年至今），气候的波动人们知道的较为详细。由于缺乏量化的数据，前 5 000 年的气候，我们无法精确描述。近 5 000 年来的气候变化，竺可桢先生曾做了系统的研究，选取温度和降水两个重要指标，这一规律表现为冷暖交替出现（地质时期三个温暖期三个寒冷期，历史时期四个温暖期四个寒冷期），干湿叠加其上，成为冷干、冷湿、暖湿、暖干几种典型气候。在气候波动图曲线中，每个大波峰对应暖湿、大波谷对应冷干气候，大波动中的小波动往往对应冷湿或暖干。

### （二）气候波动影响生态植被

黄河中下淤地区是中华民族的发祥地之一，生态环境尤其是植被，是气候作用的直接产物。当处于温暖湿润期时，往往风调雨顺，植被生长茂盛，生态环境良好；当处于寒冷干燥期时，植被生长受到严重威胁甚至死亡，

随之而来的灾害频繁。如历史时期的第二个寒冷期（公元初至 6 世纪）时，在公元 2 世纪以后，黄河下游连年发生旱灾，飞蝗蔽日。

据李剑农研究，历时 195 年的东汉王朝，竟有 119 年处于灾荒（干旱、蝗灾、风霉、大霜）之中。王顿等人研究结果也表明：自公元 301 年到 629 年，黄河流域经历了最近 5 000 年来历时最长、最严重的干旱期，自然灾害频繁发生。魏晋 200 年中遇灾 304 次，平均每年遇灾 1.5 次，而南北朝时期则每年遇灾几乎 2 次。第二个温暖期（公元 600—1000 年），时间长达 400 年，学术界称为"隋唐暖期"。唐玄宗李隆基时（公元 712—756 年），柑橘能在长安生长并结果实，味道与江南、蜀道进贡者无异。自公元 630 年到 992 年是一个相对湿润的多雨期，尤其是从公元 630 年到 834 年这 200 多年间，是最近 3 000 多年来历时最长的多雨期。


## 二、人类活动与生态环境

气候类型决定人类活动的方式尤其是耕作方式。从夏朝以来的 3 000 多年，黄河中淤地区处于温带干旱半干旱气候控制下，黄土高原天然植被应是温带森林草原和草原景观，顺应自然规律，人类活动方式应以牧业为主。朱士光等曾以历史文献的分析为基础，研究了历史时期黄土高原地区农业区（农耕）和牧业区（非农耕）的地理分布，并绘制不同时期的分布概图。如果把这些图幅叠加，可以看到农耕区与非农耕区的分界线移动状况，黄土高原是这一界线的摆动区域，黄土高原处于非农耕区时，大片土地成为草场或灌木、疏林，水土保持较好，流域侵蚀强度低；当部分或全部处于农耕区时，植被破坏，水土流失严重。适于非农耕的地区为什么要变为农耕区呢？笔者认为，主要有三个原因：①农耕文化优于游牧文化，农耕世界范围越来越大，这是世界历史的发展趋势。②人口的增加，必须开垦更多的土地，在农牧交错的地带是开垦的首选之地。③为了巩固边疆需要，政府实行屯田制，把森林草原开垦为耕地。具体分析如下。

## （一）农耕界线与非农耕界限的移动

在欧亚大陆，由于气候等自然条件的限制，在大陆东西两岸之间，形成一个偏南的长弧形地带，即农耕带。在农耕带北部，东起西伯利亚，经我国东北、蒙古、中亚咸海与里海之北、高加索、南俄罗斯，直到欧洲东部，形成游牧带。由于农耕世界所处的地理环境相对优越，自然资源相对丰富，因而使其生产的增长率高于游牧世界。游牧民族虽然在经济实力上落后于农耕民族，但军事实力可以超过后者，因此，就构成游牧世界对农耕世界长期持久的威胁。吴于童先生认为：公元前 2000 年中叶、公元 1 ~ 3 世纪、公元 13 ~ 15 世纪，欧亚大陆的游牧民族曾向农耕世界发动了三次大规模的冲击浪潮，黄土高原、阴山、燕山一起成为两大世界的交会区和屏障，但这些屏障不算太高，跨越较容易。因此，抵御游牧民族入侵几乎是汉政权的国策，先秦时期，黄土高原以游牧为主。春秋战国时期农牧区分界线基本维持在陇山—泾阳—白水—韩城汾河两侧—太行山东麓—北京一线。以后随历代政权变更、汉族和边疆游牧民族势力范围的变迁，上述农牧业界线也相应发生推进或后退。秦、西汉时，该区为汉政权控制，农耕界线向北推移；东汉初，匈奴乘中原战乱，不仅控制了西域，而且经常深入河套与黄土高原进行骚扰。匈奴、羌、乌桓等少数民族大量内迁，黄巾军起义后，黄土高原与河套地区，除甘肃中部的陇西、汉阳二郡外，其余十郡大都被弃守。从此以后，这一地区大致以吕梁山与关中北山为界，农耕区退守到该线以南，以北则基本上是游牧区。北魏至隋初，农耕界限有北移趋势，但速度极慢。可以肯定，北魏至隋初，黄土高原植被经历了一个较长时间的自然恢复和保持。唐政权建立，农耕界线进一步向北推移，安史之乱后，农耕区急剧扩大。至元明清时期，上述情况形成的恶性循环稍有改变，一是北宋时辽、金、夏等政权的存在，二是元朝建立政权，这些都使牧区面积有所扩大，但这种情况已不同于北魏时期，整体上对本区植被的恢复影响不大。

## （二）人口增加需开垦更多的土地

人口的增加需要一定的食物做支持。在游牧条件下，因生产力低下，不得不采取迁徙不定的生活方式，因而土地承载的人口是有限的。随着人口的增加，必须开垦更多的耕地。商周以后，黄河流域人类活动逐渐多起来。到西汉时期，黄河流域及附近地区的人口密度已较高，但这一时期，人口主要集中于关中平原，陕北和晋西北的人口密度仍不大。以后随着生产不断发展，人口也相应增长，但由于战争、大规模人口迁移等多种因素，黄河流域的人口有较大的波动。据有关资料，黄土高原人口的变化经历了四个时期：①先秦时期，黄土高原人口不多，以牧业为主；②秦至隋唐时期，人口相对较少，土地开垦率不到1/10；③唐、宋至元时期，虽然人口数量有起伏变化，增加幅度不大，但农牧比重发生倒转性变化，从唐代黄土高原地区以牧业为主到元代以农业为主，并从宋代开始就有坡地开垦的记载；④明清以来，人口大幅度增加，牧改农范围进一步扩大，且明代又一次修建长城，军士屯垦，使原来的畜牧区和森林地区不复存在。清代乾隆时期以后，大批人口向陕北和晋西长城以外地区迁移，又使那里的大量牧地被开垦。据杜瑜研究：明清时期，黄土高原大部川谷平原都已被开垦，自清乾隆（1736—1795 年）以后开始向"山头地角"开发，使坡耕地面积扩大，由此导致了丘陵沟整区的侵蚀强度加大。

## （三）以政府为主导的戍边屯垦加快生态植被的破坏

黄土高原地区大规模屯垦经历了三次，秦汉、唐、明清，这种屯垦往往以政府为主导。秦统一后，立即移民实边，兴办屯田。西汉的屯田主要在北方和西北，从河套以东开始，有河套、湟中、河西等，以各种形式参与屯田的人数，或者说，在边疆地区从事过开垦荒地，进行过农业生产的人，约计不下数百万。移民屯田、戍卒屯田、地方官屯田，以及其他形式的屯田，"资金和生产工具都有官府提供"。初期的目的主要解决自身的粮食供应问题，并供应来往行人，后来逐渐发展为城镇，成为新兴的农业区。唐初为了巩固边防，曾在天山南北、河西走廊、银川平原等河套地区重兵戍边。为了解决粮食问题，边疆屯田大都为军垦，利用士卒就地耕垦，既可免去转输之劳，又能保障军粮供给。

据记载，唐代军州共有 1 039 屯，其中 90% 是边疆军屯，黄河上中游约 700 屯，大规模军屯使农耕面积迅速扩大。

安史之乱后，这种局面进一步加剧。明代以后，不断加修长城，东起山海关西到嘉峪关，目的为了阻挡蒙古骑兵。同时，加强长城沿线的军士屯垦，将塞外人口迁入塞内屯种，又派小股军队赶马、烧荒，实行坚壁清野，防止蒙古骑兵进犯。这些措施，使原来的畜牧区和森林地区不复存在。清代乾隆以后，在西北地区采取积极的开发政策，开辟了多种形式的屯田，有兵屯、旗屯、遗（犯）屯、回屯、民屯称为"屯垦开发，以边养边"。大批人口向陕北和晋西长城以外地区迁移，又使那里的大量牧地被开垦。

# 第四节　黄河三角洲生态环境与资源保护的对策

## 一、加强黄河水资源统一调度，保证河口生态用水

保持黄河正常生命活力的基本水量，要考虑三个方面的要求：①通过人工塑造协调的水沙关系，使黄河下游主河槽泥沙达到冲淤平衡的基本水量。②满足水质功能所要求的基本水量。③满足河口地区主体生物繁殖率

和生物种群新陈代谢对淡水补给要求的基本水量。目前，利津水文站流量不小于 50 m/s，仅具有象征意义，因此需要通过研究确定出河口生态用水量，通过统一调度加以保证，远期可通过"南水北调"彻底解决。

## 二、构建黄河三角洲生态环境遥感监测预警系统

构建黄河三角洲生态环境遥感监测预警信息系统，准确及时全面地把握黄河三角洲开发对地区生态环境的影响，为黄河三角洲高效生态经济区的建设提供支持。黄河三角洲生态环境监测预警系统涉及气象监测、潮位监测、侵蚀监测、环境监测、土地监测、土壤盐渍化监测、地下水监测，以及近岸海域溢油、工业开发污染等对周边环境影响的监测等多个领域。在行业方面，涉及气象、海洋渔业、国土、环保、农业、水利、林业、自然保护区管理局等部门，是一个多行业协调运行的系统。在运行程序方面，由水文站、气象站、验潮站、农牧站、鸟类观测站等地面台站实时检测数据、历史记录数据，以及卫星遥感监测数据等，构成东营市生态环境监测网络。通过信息网络，将接收到的监测数据传输到各个业务运行子系统，结合其他自然、社会、经济数据库，以及分析与决策模型，由相应行业部门运行其监测预警子系统，再由东营市主管机构集成为生态环境监测预警系统。

## 三、结合资源城市转型，建立生态环境保护补偿机制

针对矿业开发、湿地保护、水资源利用、林业建设等不同补偿领域，确立相应补偿办法。根据胜利油田原油产量，采取原油提取费的办法提取生态补偿基金，建立矿业开发补偿机制，专项用于油区植被重建、污染土地复垦等生态环境建设。按照生态系统服务功能价值化原则，在对湿地生态系统服务功能量做出科学评估的基础上，确定生态系统对大区域影响的

经济价值，建立自然保护区生态补偿机制。按照"受益补偿对等"原则，建立境内河流污染治理补偿机制。以林木管护规模和资源消长为基数，制定生态公益林补偿机制。同时，积极开展相关研究，明确不同生态方式的适应范围，生态补偿的主体、客体、标准测算方法，以及生态资金的筹措与监管机制，科学评估生态保护和建设投入的实际效果，为在不同范围内建立和落实生态补偿政策和制度提供依据。

## 四、抓紧修复湿地，大力发展生态经济

相关部门对黄河水量进行统一调度后，自然保护区管理局实施了湿地修复工程，通过修建防潮坝、围堰、中隔坝和引水穿涵，改善了湿地生态环境，湿地生态系统得到一定程度的恢复。今后应进一步实施此项工程，采取一系列措施恢复湿地、改良土壤。黄河三角洲地形独特、地貌特殊，发展生态经济是必由之路。积极发展"粮经饲"三元种植，实施"上粮下渔"的生态经济模式。大力推进植树造林工程，重点建设平原防护林，沿海防护林和环城防护林三大体系，突出发展专业饲养场和养殖大户，重点开发特色海洋珍品养殖。发展工业必须充分考虑黄河三角洲的环境承载能力，大力发展绿色工业，应加强体制创新、科技创新和对外开放，加快发展可再生能源产业。

# 第六章 黄河流域生态环境保护研究

## 第一节 加强黄河流域生态保护的重大意义

黄河流域生态保护和高质量发展上升为国家战略，对宁夏打赢脱贫攻坚战、加快实现生态立区，解决防洪安全、饮水安全，维护社会稳定，促进民族团结等具有十分重要的意义，是推进宁夏高质量发展的重大历史机遇。

### 一、加强黄河流域生态保护有利于宁夏补齐水资源不足短板，促进协调均衡发展

黄河宁夏段是自治区重要的生态保护和环境治理地区，是自治区重要的经济带和经济主要增长极，也是人口主要聚集区、特色农业种植区和工业重点承载区。加强黄河流域生态保护有利于增强南部山区小流域保水蓄水功能，有利于化解中南部地区缺水干旱产业发展布局受限的困顿，有利于从根本上解决北部地区水环境污染严重及盐碱化严重问题，促进各地区产业结构调整和布局优化。加强黄河流域生态保护有利于宁夏在荒漠化和干旱地区加快发展节水产业，推进硒砂瓜、黄花菜、枸杞、酿酒葡萄等特色产业扩量发展，有利于倒逼传统产业加快转型升级，推进装备制造、新型煤化工、新能源、新材料等新兴产业补链、延链、强链，实现集群化规模化发展。应坚持山水林田湖草一体化保护和协同治理，着力解决农业面

源污染和采矿、采煤、山洪等对黄河宁夏段的生态环境影响，结合各地特色产业发展，以项目化协同推进，促进自治区各地区各领域协调均衡发展。

## 二、加强黄河流域生态保护有利于推进生态文明建设，实现"人水和谐"

宁夏地处国家中部重点开发区和西部待开发区的交汇处，位于全国"两横三纵"城市化战略格局中包昆通道纵轴的北部，是连接华北与西北的重要枢纽，处于风沙进入国家腹地和京津唐地区的咽喉要道，是国家西部重要的生态安全屏障。建议在自治区层面尽快谋划能有效融入国家战略的路径及举措，全面推动贺兰山、白芨滩、哈巴湖、香山、罗山、南华山、六盘山等地及沙湖、星海湖、葫芦河、茹河等河湖湿地的生态保护建设，实现多条生态廊带为框架、连通生态园区"蓝脉绿网"的生态网络格局。通过采用防御保护、自然修复与综合治理相结合的方式，因地制宜、突出重点，使宁夏中南部区域脆弱的水生态系统不断修复，从源头上维系区域良性水循环，提升区域生态安全保障能力。合理开发、利用和保护水土资源，提高水源涵养能力，减少入河泥沙，改善生态环境，促进农村生产生活条件改善。按照北部预防、中部修复、南部治理为主的思路，强化水土保持建设，加快中部荒漠化地区治理与修复。积极推进清洁型小流域建设，结合生态移民深入开展退耕还林、还草，保护水源涵养林，维护区域饮用水安全。下大力气做好水灾水害防御，加快黄河水沙调控体系建设。建议以水定产、以水定城、以水定地、以水定人，推进水资源节约集约使用。以减少入河泥沙为重点，继续推进水权转化、河湖沟渠联通工程，加大荒漠化综合治理、水污染治理、水资源开发利用等专项投入和研究。以保护治理黄河为契机，大力提升宁夏水资源、水生态环境承载能力，从"保护和恢复生态系统结构功能""优化和调整经济社会涉水行为"两方面入手，加快推进水生态文明建设。通过实施系统严格的水生态保护，合理配置水资源，调整优化涉水行为，推进水资源高效集约利用，持续提升水功能区和饮用水水源地水质，不断减少水土流失和盐碱地面积，使宁夏的水生态系统功能不断恢复，着力将宁夏打造成西部内陆干旱缺水区人水和谐的示范区。

## 三、加强黄河流域生态保护有利于宁夏实现脱贫攻坚的重大任务

保护治理黄河的投资规模大、生态及扶贫项目多，宁夏既是生态保护建设的重要区域，又是脱贫攻坚的重要阵地，应把握国家战略机遇，及时将"生态立区"目标融入国家战略，增强宁夏社会经济的发展动能。黄河进入中卫后，落差变小，泥沙沉积增多，河道变宽，既需要进一步完善基础设施建设，还需要大面积植树造林。积极培育新兴产业，大力发展蔬菜、草畜、优质粮食等特色农业，加强酿酒葡萄、枸杞、滩羊肉、长枣等特色品牌保护和发展，鼓励、引导特色农业走规模化、标准化发展路线，与旅游、餐饮、文创产业结合起来，提高产业综合收益。通过大力发展智能制造、新材料等新兴产业，补齐科技型新兴产业短板，优化产业结构。进一步推进现代服务业提档发展，开展服务业标准化、品牌化建设和服务业集聚区建设，将国家扶持资金与自治区服务业引导资金叠加起来，重点支持发展旅游、现代物流等现代服务业项目，力促服务业提档、提质、扩量。以农业节水为切入点，深入推进政府主导、市场调控、公众参与的节水型社会建设，大力推进青铜峡等现代化灌区升级改造，发展高效节水和特色农业，在农业领域开辟更多就业岗位。把水资源承载能力作为宁夏经济社会布局的前置条件，统筹考虑区域、城乡协调发展对水资源的需求，以多水源、多工程联合调度为抓手，合理调配本地水、过境水和非常规水源，确保扶贫济困产业用水。充分保障河湖生态环境用水，推进再生水等非常规水源

和雨洪资源利用，增加可供水量，协调好水资源节约保护与开发利用之间的关系。在节水优先和保障基本生态用水的前提下，充分挖掘现有水利工程的供水潜力，全面提升水资源供给和调配能力，保障"五县一片"等贫困区生活生产用水。

# 第二节 全面开启黄河流域生态保护的新局面

## 一、黄河流域治理经验梳理

黄河善游、善决、善徙的特性，使得黄河的治理和利用成为历朝历代治国安邦的根本任务。

### （一）治理和利用，是对黄河问题的共识

从远古时代大禹治水的"疏导为主、拦蓄为辅"，到春秋战国齐、魏、赵国的筑坝造堤；从秦汉时期的整理河道、拓荒耕田、改土通漕，到隋唐时期的凿渠漕运、便利交通；从宋元时期的引黄放淤、疏浚并举，到明清时期的束水攻沙、放淤固堤、人工疏浚，这些治黄经验为当代黄河治理提供了实践和理论方面的双重经验。

1946年，在党的领导下，首设治理黄河机构——冀鲁豫解放区治河委员会，与国民政府黄河水利委员会并存治理黄河。1949年11月，黄河水利委员会改属水利部领导。自此，一代又一代的国家领导人把治理黄河作为重大战略，矢志不移。1957年，黄河干流的三门峡水库完工；1965年，伊河干流的陆浑水库建成；1994年，洛河干流的故县水库完工；2001年，黄河干流的小浪底水库完工。从最初的探索到越来越成熟的方案，这些水利工程几乎控制了黄河所有进入下游河道的来水，黄河径流量基本上全部

被存起来，应对枯水期的农业、工业用水。通过流域内水资源统一调度，再加上抢险工程能力、气象分析能力、洪水预报能力的大幅提升，从2000年起，黄河断流问题再也没发生过，水患已经不再是问题的核心。党的十八大以来，中央的思路更加明确，"节水优先、空间均衡、系统治理、两手发力"，"拦、调、排、放、挖"综合处理，黄河流域的治理和利用以及生态环境发生了前所未有的变化。

### （二）黄河治理经验的几条启示

纵观历史上治理黄河的经验，其治理目的大致是出于三个方面的考虑："尽地利以务农本、固边防以拓疆域、通河渠以合海内。"从治理方法论来看，有四个方面的经验可资借鉴。

第一，在黄河流域拓荒屯田，进行粮食生产的做法，不利于黄河的长久发展。秦汉时期，都曾经在河套地区进行大规模屯田以备军民的粮食需求，如汉武帝时期在西北的军事屯田，在当时确实暂时解决了军民的粮食供应问题，却破坏了河套原来的生态平衡。大规模的农业开垦活动，使原有的植被破坏，脆弱的生态环境受到重创，最终使黄河变成了真正的"黄河""地上河"，以生态换粮食的做法得不偿失。

第二，堤防建设和调水调沙，是值得学习的黄河治理经验。堤防理论最早由西汉王莽新朝张戎提出，由明代水利专家系统使用，明代潘季驯发扬光大为"双重堤坝"，双重堤坝不仅是防洪的手段，而且成为治河的工具。又如，由首任黄河水利委员会主任、著名水利专家王化云提出的"调水调沙"工程，通过建立原型黄河、数字黄河、模型黄河"三条黄河"体系，将以信息化为核心的高新技术运用于治黄领域，在考虑下游水道的输沙能力、水库的调解库容、科学选定水库的蓄泄水时间和数量的同时进行几度调水调沙，使传统治黄走向现代治黄、科技治黄。"调水调沙"工程在解决水库泥沙沉淀问题的同时，对于增加黄河三角洲湿地面积、恢复黄河生态系统、向入海口推进新淤地的效果作用明显。目前黄河流域的鱼类、鸟类数量明显增加，濒临绝迹的黄河刀鱼、东方白鹤、丹顶鹤等珍稀鱼类、鸟类也明显增加。

第三，黄河治理过程中，沟渠的开凿是治理与利用并举，充分利用资源一举两得的好办法。战国时期开凿的鸿沟，在黄河、淮河、济水之间形成了完整的水上交通网，便利了诸侯国的交往；隋唐时期开凿的贯通海河、黄河、淮河、长江、钱塘江五大水系的大运河，便利了交通，成为世界上最大的运河系统。秦汉时期在关中引泾水开凿的郑国渠、白渠，宁夏的秦渠、汉延渠，以及唐朝的唐徕渠等，引黄河水灌溉农田，也使这些地方深得黄河之利。

第四，黄河治理的出发点，应该是以人为本和以人民为中心，从维护中华民族根本利益和全局利益出发，而不是出于个人或者集团利益。战乱年代，统治集团攻城略地，要么无心顾及治河，要么不惜以水代兵，如蒋介石的花园口决堤、宋末杜充在滑州决黄河、明末李自成决黄河淹开封等，都带有极大破坏性。人为决口制造水患的做法，在今天虽然不会再出现，但是，黄河流经的各省区因经济发展的需要以及各种利益集团的存在，会以别的形式破坏黄河生态环境，掠夺黄河水资源。只有从全国一盘棋的角度出发，才不至于有失偏颇。

## 二、续写新时代黄河治理的新篇章

2014年3月，习近平总书记专程到焦裕禄同志防治风沙取得成功的兰考县进行考察。2019年8月，习近平总书记专门调研黄河流域甘肃段生态保护和经济发展问题。2019年9月18日，习近平总书记在郑州主持召开座谈会，对黄河流域生态保护和高质量发展进行专门部署，将黄河流域生态保护和高质量发展战略提升为与京津冀协同发展、长江经济带发展、粤港澳大湾区建设、长三角一体化发展一样重要的重大国家战略，黄河流域的"大治时代"扑面而来。

## （一）顶层设计，彰显黄河治理的大思路

黄河上中下游经济发展态势区别明显："黄河中下游的山东、河南，2018年GDP分别达到7.6万亿元、4.8万亿元，陕西、内蒙古、山西分别为2.4万亿元、1.7万亿元、1.68万亿元，甘肃、青海、宁夏分别为8 246亿元、2 865亿元、3 705亿元。"上游落后、中游崛起、下游发达的发展现状，是治理黄河需要考虑的基本出发点。在黄河流域生态治理与高质量发展座谈会上，习近平总书记指出，要"坚持生态优先、绿色发展，以水而定、量水而行，因地制宜、分类施策，上下游、干支流、左右岸统筹谋划，共同抓好大保护，协同推进大治理"。这是黄河生态环境保护、治理、利用、发展的基本遵循。习近平总书记指出：上游以水源涵养区等为重点，推进实施重大生态保护修复和建设工程，提升水源涵养能力。中游抓好水土保持和污染治理，建设旱作梯田、淤地坝，以自然恢复为主推进治理。下游的黄河三角洲要促进河流生态系统健康，提高生物多样性，是充分考虑了上中下游的差异和黄河生态系统的系统性、整体性、协同性后，提出的高质量发展的区域协同方案。切忌盲目跟风，要精准定位、因地制宜、突出特色，打好"绿色牌"，发展生态农业、绿色工业、生态旅游业，提升黄河流域绿色产品和绿色服务的供给水平，是黄河流域高质量发展的产业协同方案；明确自然资源、生态环境、水利、发展改革、工业等各行政主管部门的权力清单和责任清单，从治理结构分工上形成生态保护协同治理机制、治理格局，是黄河流域高质量发展的治理协同方案；做好环境监管的同时，充分发挥环境税收、绿色信贷、绿色债券、排污权交易、自愿减排等行政手段、市场手段、社会化手段的优势互补作用，是黄河流域高质量发展的制度协同方案。上述总书记所强调的区域、产业、治理、制度"四个协同"

是新时代治理黄河的大眼光、大思路。它们共同发力，同时进行，中华民族的"母亲河"——黄河，必将在新时代更大地焕发出哺育中华民族伟大复兴事业的勃勃生机。

### （二）正视黄河治理过程中的问题

多年来，通过实施三北防护林、退耕还林还草、黄土高原淤地坝建设等一系列生态建设工程，我国对黄河流域土壤侵蚀、植被恢复、入黄泥沙重点问题进行了很好的控制。但是黄河流域依然存在许多问题。

第一，水土流失问题依然严峻。黄河流经黄土高原，这里的水土流失面积约占土地面积的 69%，水蚀加上风蚀，年输沙量约占黄河总输沙量的60%。秋季汛期，遇到雨季，暴雨泥沙俱下，大量地表黄土被冲入黄河主河槽和三门峡库区，直接造成泥沙下泄，再加上城镇建设、资源开发等人类活动产生的水土流失，都影响了黄河水质和下游防洪安全。

第二，黄河流域经济发展用水与生态用水争抢水资源的矛盾十分突出，节约用水刻不容缓。水利部 2018 年数据显示，黄河的水资源总量 869.1 亿 $m^3$，可利用水总量 391.7 亿 $m^3$，目前流域各地平均每年用水量 290 亿 $m^3$，超过黄河天然水量的 50%，黄河水资源利用率已超过 75%。黄河流域人均水资源量本来就低于全国平均水平，再加上黄河流域能源基地集中，高污染、高耗水企业多，各省对黄河水量的过度利用，使得黄河的水量雪上加霜。用水结构和方式不合理，农业用水量过大，河流生态用水难以保障，严重威胁全流域生态安全，对黄河流域水环境造成较大风险，亟待治理。

第三，退耕还林还草在治理水土流失方面有不可低估的作用，在促进生态修复的同时，也促进了农民脱贫致富，但目前实施效果不尽如人意。退耕还林的实施对象是西部地区水土容易流失的山坡耕地，这些地区经济落后，农民谋生主要依靠耕地，退耕之后，农民还"林"的品种绝大部分属生态林，很少有经济林，占 80% 以上的生态林仅仅具有生态价值，不具有经济价值，在享受完退耕补贴后靠什么吃饭，是退耕地区农民普遍担心的问题。而地方政府重退耕，轻管理的做法，使退耕还林的效果大打折扣，退耕地如果一直处于自然发展状态，不利于这项战略的实施。

第四，20世纪七八十年代建设的一些淤地坝老化失修与建设不足并存。淤地坝是以防洪拦沙和淤地造田为目的的水土保持工程，在控制水土流失、减少入黄泥沙、改善生态环境、促进农业规模化生产和脱贫致富等方面有不可替代的作用。这些淤地坝在最初建设时就因为资金和认识水平不足，而导致建设标准偏低、设施不配套，几十年的运行使这些工程的设施已经老化、毁损，丧失了继续拦泥和防洪的能力，亟待除险加固。除此之外，需要新建淤地坝的地方也有很多，需要集中考虑。

第五，黄河湿地的保护和开发不够。黄河湿地作为重要的生态廊道，是黄河流域重要的资源宝库，但是目前黄河湿地存在着多头管理、管理机构权责不清、保护和利用效率不高的现象。以宁夏的沙湖为例，多年来保护和利用的工作推进不大，没有打造出塞上湖沙共存、景色独特的品牌，没有充分发挥湿地保护和生态旅游的作用，直接影响了宁夏黄河沿岸自然风光、民俗风情、公众休闲、旅游观光、生态康养服务等旅游资源的开发，影响了黄河文化内涵的挖掘。

## （三）黄河流域生态保护和治理的建议

纵观中华人民共和国成立以来黄河治理的经验，生态保护不仅是治理黄河的直接抓手，而且也是黄河流域高质量发展的直接抓手。具体说来，可从以下方面进行综合考虑。

第一，黄河治理是复杂的系统工程，需要继续发挥党的领导的显著优势和集中力量办大事的优势，来统筹协调完成这一国家战略。党的十九届四中全会从制度层面，提出了国家治理体系和治理能力现代化的图谱，是黄河流域生态保护的大机遇。借助这一大机遇，综合运用现代化的手段、高新技术、现代化的基础设施，提升黄河治理的调度能力和管理水平，是新的历史条件下治理黄河的根本方向。近年来，我国已经有好的经验可以借鉴，比如在上游的黄土高原实行退耕还林的举措，下游实行河长制的做法，都是核心的重大生态保护修复工程，实施效果良好。继续发挥党的集中统一领导优势，从全局的角度思考问题，才能实现黄河流域的高质量发展。

第二，黄河流域的生态平衡是治理黄河问题的根本。今后应该统筹考虑退耕还林还草工程的进一步实施。必要时可以推进生态保护的市场化改革，按照"谁投资、谁经营、谁受益"的原则，鼓励和引导社会资本采取承包、租赁、股份合作等形式，以公司化运作的方式参与生态建设项目。其中"退耕"建议将生态移民制度化，同时配套完善移民的后续生活、就业、医疗、养老等保障措施，此项工作是考虑生态环境恢复的可持续性；"还林"建议林业科技部门加大指导，保证林木选择的科学性和合理性，使移民从生态林和经济林的种植中受益，此项工作是考虑搬迁移民脱贫致富的长远性。

第三，加快淤地坝建设，确保淤地坝安全运行。淤地坝的建设是针对黄河泥沙问题而采取的一项黄河流域生态保护工程。今后要在尊重自然、认识自然，发挥生态系统的自我修复能力的前提下，在黄土高原沟壑区、黄土丘陵沟壑区和土石山区等泥沙集中来源区加快淤地坝建设，开展多沙、粗沙区重点支流水土保持监测，最大程度控制入黄粗泥沙量，减轻下游河道淤积，缓解下游防洪防沙压力。

第四，黄河流域各民族的科学文化修养对于黄河流域生态保护与高质量发展的意义重大。在我国古代治理黄河的各种办法中，不乏依靠神灵、方士、后土来祈求黄河安澜的先例，虽然今天迷信已不多见，但是有些偏远落后的地区，百姓科学知识、文化修养依然不够，是黄河流域高质量发展的短板。应当培育黄河流域各地群众的科学精神、奋斗意识，共同探索黄河水文变化的规律，才能够实现黄河治理能力和治理水平的现代化。

### （四）宁夏黄河流域的治理方案探索

黄河自黑山峡小观音进入宁夏，过境 396 km 后，再由石嘴山三道坎出境，其间冲淤形成了宁夏平原。以青铜峡为界，青铜峡以上被称作卫宁平原，青铜峡以下就是银川平原。黄河流经宁夏的地区是宁夏各种生产要素和经济活动最为集中的地区，"集中了全区 57% 的人口、80% 的城镇、90% 的城镇人口，创造了 90% 以上的地区生产总值和财政收入。2017 年，宁夏黄河干流区域共完成地区生产总值 2 227.36 亿元，人均 64 142 元，地方一般公共预算收入 101.81 亿元，城镇居民人均可支配收入 27 830.6 元，农民人均可支配收入 13 040.7 元；耕地面积 607 万亩，农田实灌面积 489 万亩，分别占全区的 31%、59%。"黄河流域生态环境的保护与污染治理，直接关系宁夏生态立区、脱贫富民战略的实施效果，关乎宁夏的高质量发展。以往的黄河宁夏段治理，有值得自豪的地方："宁夏引黄古灌区范围 8 600 km²，引黄干渠 25 条，总灌溉面积达到 828 万亩。"2017 年 10 月 10 日，在墨西哥召开的国际灌排委执行理事会上，宁夏引黄古灌区被正式授予世界灌溉工程遗产。宁夏历代引黄灌溉的发展，造就了宁夏平原丰富而独特的农田生态系统，成为我国西部重要的生态屏障。

从目前宁夏黄河流域生态环境存在的问题看，既有黄河流域水流量减少的问题，也有黄河污染问题，还有河道滩地资源开发利用的无序状态问题。凡此种种都表明宁夏黄河流域的治理刻不容缓。

第一，进行黄河岸线划定。2015 年，宁夏出台了《关于深化改革保障水安全的意见》，明确提出实施生态环境保护红线、环境质量底线、资源利用上线"三条红线"管理，对用水总量超过控制指标的市、县区，实行项目和用水的"双限批"。此外还需要从空间上明确黄河流域保护区域和范围，强制非法挤占行为限期退出，严格黄河岸线用途管制，留足河道、湖泊的管理和保护范围。

第二，加大环境保护投入。一方面加大宣传力度，开展环境教育，提升人们的健康生活卫生概念，使环境保护深入人心，从生产生活方式的转变上理解绿水青山就是金山银山的深刻含义；另一方面，在农村建立专门的污水处理沟渠、垃圾处理厂，集中收集村民生产的有毒有害液体和固体垃圾

第三，进行污染防治。进一步细化河长职责，既要明确水环境改善的具体目标，也要将巡查责任覆盖到具体河段，持续推进水环境质量的改善。流域内区域要开展工业、城镇生活、农业等各类污染源调查，核实水污染物排放总量，制定污染防治计划方案。加快城镇污水处理厂运行管护和配套管网建设，提升农村污水处理厂运行管理水平，对造纸、焦化、氮肥、有色金属、农副食品加工、原料药制造等重点污染排放行业进行专项整治，工业园区污水处理设备，实施清洁化改造，对重点工业污染源实行 24 小时在线监控和全面达标排放，严禁新增工业直排入黄口。

第四，严格遵循"山水林田湖草是一个生命共同体"的生态理念，以生态问题治理和生态功能恢复为导向，探索源头保护、系统治理、全局治理的新途径。在保证堤防工程运行安全和滩岸稳定的同时，有效实现岸线生态经济效益，并对沿河城市及重点区域，结合防护林建设营造中心景观。同时发挥河道自身生态及景观功能，因地制宜，开发建设河道生态旅游景点，与沿线旅游景区相衔接，打造形成沿黄旅游黄金走廊。

# 第三节　黄河流域生态保护和高质量发展的意义

习近平总书记指出，黄河流域生态保护和高质量发展同京津冀协同发展、长江经济带发展、粤港澳大湾区建设、长三角一体化发展一样，是重

大国家战略。这一重大战略布局，着眼中华民族伟大复兴，着眼经济社会发展大局，着眼黄河流域岁岁安澜，是黄河治理史上的一个里程碑，充分体现了根本性、全局性和系统性的战略意蕴。

## 一、从根本性看，黄河流域生态保护和高质量发展是事关中华民族伟大复兴的千秋大计

实现中华民族伟大复兴中国梦，昭示着国家富强、民族振兴、人民幸福的美好前景，是全体中国人民的共同理想追求。历史和现实一再证明，生态兴则文明兴，生态衰则文明衰。

其一，黄河是中华民族的母亲河，孕育了灿烂辉煌的中华文明。黄河是中华民族永续发展的源泉所系、血脉所依、根魂所在。中华文明之所以能延续数千年，既得益于黄河流域所提供的广阔且易于耕种的土地，也与我们先人能较为合理地顺应和利用自然密切相关。在我国五千年文明史中，黄河流域有三千年是全国政治、经济、文化中心，孕育了河湟文化、河洛文化、关中文化、齐鲁文化等，分布有郑州、西安、洛阳、开封等古都，诞生了"四大发明"和《诗经》《老子》《史记》等经典著作。千百年来，九曲黄河，奔腾向前，以百折不挠的磅礴气势塑造了中华民族自强不息、刚健有为的民族品格。黄河是中华民族的重要象征，是中华民族精神的重要标志，是中华民族坚定文化自信的重要根基。

其二，"黄河宁则天下平"道尽了黄河安澜与国家民族命运息息相关。黄河穿越崇山峻岭，百转千回，是一条自然条件复杂、河情极其特殊的河流。"黄河西来决昆仑，咆哮万里触龙门"意味着黄河水流之湍急，"九曲黄河万里沙"意味着黄河流域水土流失严重。从历史上看，国家统一，国力强盛，黄河就能得到比较有效的开发和治理，黄河的安宁则使人民得以休养生息，国家繁荣昌盛。1946年，冀鲁豫解放区成立了黄河水利委员会，开启了人

民治理黄河的新纪元。中华人民共和国 70 多年取得的辉煌成就，即是"黄河宁则天下平"最好的证明。"共同抓好大保护，协同推进大治理"，体现了习近平总书记对"黄河宁则天下平"这一规律的深刻把握，对黄河流域高质量发展的深入思考。

其三，治理黄河的历史也是一部治国史，事关中华民族的伟大复兴。水是人类文明赖以生存和发展的基础，治水是人类社会永恒的主题。从公元前 602 年到 1938 年，黄河大堤共决口 1 590 次，"三年一决口，百年一改道"是历史上黄河的真实写照，黄河下游频繁的洪水灾害给沿岸人民带来了深重灾难。在中国历史上，治国与治水始终紧密相关，黄河治理始终是历代执政者治国安邦的大计。管子曰："善为国者，必先除水旱之害。"中华人民共和国成立 70 多年来，治理黄河的主要目标已从"除水害、兴水利"，转化为在防洪基础上进一步"实现水资源、水生态、水环境和谐友好，推进黄河流域高质量发展"。如果说传统社会的治水关系到民族生存和国家兴亡，那么新时代黄河流域生态保护和高质量发展则关系到中华民族的伟大复兴。

## 二、从全局性讲，黄河流域生态保护和高质量发展事关我国经济社会发展与生态安全

黄河流域是我国重要的生态屏障和重要的经济地带，是打赢脱贫攻坚战的重要区域，在我国经济社会发展和生态安全方面具有十分重要的地位。

其一，事关打造我国重要生态屏障。黄河流域是我国重要的生态屏障，是我国西北、华北地区的重要水源，从上游到下游，连通西北、华北和激海，是一条连接了三江源、祁连山、汾渭平原、华北平原等一系列"生态高地"的巨型生态廊道，水资源和生态功能极为重要。但是，黄河一直体弱多病，水患频繁、洪水风险威胁较大、生态环境脆弱、水资源保障形势严峻、发

展质量有待提高是黄河流域存在的突出问题。这些问题的存在，既有先天不足的自然因素，也有后天失养的人为因素，表象在黄河，根子在流域。筑牢黄河流域生态屏障，既有利于减少水土流失，改善水源涵养，确保黄河生态安全，推进黄河流域高质量发展，也有利于为全流域人民提供清新的空气、清洁的水源、洁净的土壤、宜人的气候等诸多生态产品。

其二，事关我国经济高质量发展。以经济建设为中心是兴国之要，遵循经济规律，推动经济高质量发展，是实现社会主义现代化强国的必然选择。黄河流域是我国重要的粮食生产核心区、能源富集区，是化工、原材料和基础工业基地，在全国经济社会发展和生态文明建设格局中县有举足轻重的战略地位。然而，随着全球气候变化和人类活动的无序拓展，黄河流域出现了水资源短缺、水环境污染、水资源开发利用率过高等问题，同时也出现了黄河流域与长江流域相比发展不平衡、黄河上中游七省区发展不充分等问题。黄河流域生态保护和高质量发展，有利于促进经济发展从"量"的积累转向"质"的提升。

其三，事关打赢脱贫攻坚战。坚决打赢脱贫攻坚战，让贫困人口和贫困地区同全国一道进入全面小康社会是我们党的庄严承诺。由于历史、自然条件等多方面原因，黄河流域经济社会发展相对滞后，特别是上中淤地区和下游滩区，是我国贫困人口相对集中的区域。全国 14 个集中连片特困地区有 5 个涉及黄河流域，且黄河流域有诸多承载生态功能的区域，这些区域与贫困人口分布高度重叠，打赢脱贫攻坚战的任务非常艰巨。黄河流域生态保护和高质量发展，既有利于解决好流域人民群众关心的防洪安全、饮水安全和生态安全等问题，也有利于贫困人口通过参与生态保护、生态修复工程建设和发展生态产业，提高经济收入水平，改善生产生活条件，提升自我发展的能力，建立长效脱贫机制，巩固脱贫攻坚成果。

## 三、从系统性说，统筹协调黄河流域"生态保护"和"高质量发展"是坚持问题导向和目标导向的科学抉择

黄河流域生态保护和高质量发展上升为国家战略，是有史以来有效协调黄河流域生态保护和经济发展关系的科学抉择，有利于实现黄河治理从被动到主动的历史性转变，必将对黄河流域长远发展产生历史性影响。

其一，"生态保护"和"高质量发展"在本质上和目标上是一致的。从本质上讲，良好的生态环境既是生产力的要素之一，也是高质量发展的重要内容。高质量发展必然对环境保护提出新的更高要求，一切发展都是生态保护前提下的发展，一切破坏生态、影响保护的发展都称不上高质量发展。从目标上讲，高质量发展就是要以较少的资源能源消耗、环境代价来实现经济发展，目的在于满足人民对美好生活的需要，包括对优美生态环境的需要；而生态保护的目的在于提供更多更优质的生态产品，既能满足民众的需要，又能为经济社会的可持续发展打下基础。

其二，高质量发展是解决生态环境问题的治本之策。黄河流域之所以水资源供需矛盾日益加剧、生态环境退化、经济社会发展滞后，其根本原因在于没有理顺水资源、水环境、水生态与经济社会发展的关系，水生态系统与其他生态系统之间的关系，致使之前的水资源开发利用、生态环境保护策略存在短期性和局域性。而高质量发展则要着眼"千秋大计"，保持战略定力，运用战略思维，更加注重保护和治理的系统性、整体性和协同性，通过一系列重大工程措施与生物措施，形成上游"中华水塔"稳固，中游水土保持与污染治理有效，下游加快发展、促进生态宜居环境建设的整体格局。这种整体发展格局必然能够极大地缓解生态环境压力，有利于自然生态休养生息，有利于从根本上解决环境问题。

其三，生态保护是推动高质量发展的重要手段。黄河流域之所以出现工业、城镇生活和农业面源三方面污染，水资源利用粗放，农业用水效率

不高，传统产业转型升级步伐滞后，内生动力不足等问题，其根本原因在于重经济建设、轻环境保护，在良好的生态环境本身就是生产力、良好的生态环境已成为稀缺性要素、生态环境保护与建设是国民经济的新增长点等方面缺乏系统全面的认识。治理黄河，重在保护，要在治理。要坚持山水林田湖草综合治理、系统治理、源头治理，共同抓好大保护，协同推进大治理不是就生态论生态，在于抓发展方式转变，抓区域经济布局和产业结构调整，抓新旧动能转换，推动高质量发展。

推动黄河流域生态保护和高质量发展是一项复杂的系统工程，绝非一日之功。这要求我们必须尊重自然规律、社会规律和经济规律，发挥我国社会主义制度集中力量办大事的优越性，牢固树立"一盘棋"思想，更加注重保护和治理的系统性、整体性和协同性，保持历史耐心和战略定力，以功成不必在我的精神境界和功成必定有我的历史担当，既要谋划长远，又要干在当下。

## 第四节　强化黄河流域生态治理，保障黄河流域高质量发展

2019年9月，在黄河流域生态保护和高质量发展座谈会上，习近平总书记从战略高度提出了黄河流域生态保护和高质量发展，进一步阐明了黄河流域在生态安全屏障与社会经济发展方面的重要作用。黄河流域生态保护和高质量发展战略的确立，是对绿色发展理念的深刻践行，对黄河流域今后的均衡绿色发展提供了强大的思想指导和行动指南。

# 一、黄河流域高质量发展和水生态治理面临的困难与挑战

要实现黄河流域的长治久安与健康发展并非短期内就能完成，必须运用马克思辩证统一观点来认知生态保护和高质量发展之间的关系。

## （一）黄河流域生态敏感性较高、承载能力弱

黄河所处的自然环境条件决定了黄河流域生态环境较为脆弱的基本状态。与我国其他较大的河流相比，黄河流域生态环境敏感度最高，抵御外界干扰的能力最弱，自我修复能力有限。尤其是流域内所经的青藏高原、内蒙古高原、黄土高原，其所形成的生态系统脆弱性非常突出，其支撑社会经济发展的能力有限，即便是沿黄盆地、平原和三角洲地区，也存在水资源不足的环境困扰。

黄河作为农业文明的发祥地，农业开发历史久远，除此以外，它还承载着工业化发展有效资源的供给。长久以来，黄河在资源开发方面一直处于高负载态势。黄河以占比仅有全国 2% 的水资源量，承担着全国 9% 人口的能源开发，尤其在河南与山东人口稠密、产业规模较大的区域对水资源的使用较大，综合长远形势考虑，黄河流域高负载在短期内不会下降。

生态环境脆弱、资源环境承载压力大，这是黄河流域的基本特征，只有清楚认知到这一点，才能找准黄河流域水生态治理的着力点，才能理解生态保护与高质量发展的辩证关系，才能做出科学的战略部署和实施方案。

## （二）黄河流域水生态治理的困扰因素

首先是洪水困扰。自中华人民共和国成立以来，黄河水生态治理取得了显著成就，洪涝灾害在一定程度上得到了有效遏制，但洪水风险的因素并未消除。习近平总书记在座谈会上指出，"洪水风险依然是流域的最大威

胁"，黄河下游区域长期面临着洪水威胁。近年来，受全球气候变暖和季风气候变化的影响，黄河流域极端天气和气候发生概率不断增大，与之伴随的防范风险也在增大，如何保障居民生活生产不受洪水威胁成为黄河流域水生态治理首要考虑的问题。

其次是水资源短缺困扰。黄河流域水资源总量不到长江的 7%，人均占有量为全国平均水平的 27%，而水资源开发利用率高达 80%，水资源保有量与水资源开发利用形成突出矛盾。除此以外，黄河流域还存在水资源利用不够集约、农业用水效率低等问题。随着流域内青海、河南、甘肃、宁夏等 9 个省区城镇化发展和工业化加速，用水需求将持续增大，水资源短缺压力不会减小，如何高效集约用水是我们面临的长期考验。

最后是水环境治理形势严峻。2018 年，黄河 137 个水质断面中，劣 V 类水占比为 12.4%，高于全国平均水平 5.7 个百分点。伴随着城市工业化程度的提高，黄河流域沿线的能源、重化工等高污染企业不断增多，对黄河流域水生态造成不可背负的重压。除了化工污染，城镇化水环境冲击和农业生产面源污染等问题也比较突出。

## （三）经济快速发展对环境造成透支的问题依然存在

随着经济社会的发展，黄河流域在国土开发和经济发展布局方面不断完善与升级，在此过程中，难免对生态安全格局和资源环境承载造成冲击。一是中上游区域能源矿产资源开采对当地生态环境造成破坏，尤其是一些重化工能源企业对水生态的影响比较大。二是城镇化的加快和工业生产加速致使局部区域资源环境承载压力过大，农田保护、农业生产可持续发展面临较大威胁。三是黄河流域贫困区域较多且相对集中，向黄河讨要生产力来致富的压力也在增加。

整体来讲，黄河流域环境保护与经济社会发展之间的矛盾将长期困扰黄河流域的开发与利用，如何在保护黄河流域生态环境的前提下，促进高质量发展是新时代面临的一项重大课题。我们只有秉承绿色发展的理念，积极探索人与自然和谐共生，协调妥善处理好环境保护与经济社会发展之间的矛盾，架构起绿色发展、高质量发展的模式，才能形成保护与发展的良性互动。

## 二、黄河流域高质量发展和水生态治理需要秉承的生态理念

在座谈会上，习近平总书记从国家战略层面提出了黄河流域生态保护和高质量发展的理念与措施，为我们在新的时代背景下对黄河流域的保护与开发提供了全新的思路。

### （一）牢固树立人与自然和谐共生的理念

黄河流域生态系统是一个完整的有机体，其个别生态因子和环境因子的变化都会对流域生态安全造成影响，加之流域生态基础脆弱，自身抵御外界干扰能力有限，在流域保护中，要牢固树立生命共同体理念，遵循保护优先、自然恢复为主、尊重顺应自然的基本原则和基本遵循。在此基础上，按照国家已确定的生态功能区的划分为基本依据，科学确立流域内的生产力布局，选择与功能区生态要素相匹配的发展规模与方式。

### （二）牢固树立绿水青山就是金山银山的理念

保护黄河流域生态安全是为了更高质量的发展，为新形势下经济转型高质量发展做好优质的生态环境储备，重点要协调处理好黄河流域重点开发区、城市群区域的发展对环境造成的冲击，不断优化区域产业结构、促进产业转型升级，持续加大科技创新力度，积极探索资源利用的新方式，提升资源利用率，不断完善生态环境安全格局。在国土开发方面，要做好适应性评价和环境评估，针对不同生态功能区选择科学的开发模式；依据

生态功能区承载能力，按照各类生态红线，严格把控基本农田、城市开发、资源利用等方面的规定界限。

### （三）牢固树立山水林田湖草是生命共同体的理念

习近平总书记在座谈会上明确提出："黄河流域生态保护和高质量发展是一个复杂的系统工程，对一些重大问题，在规划纲要编制过程中要深入研究、科学论证。"黄河流域生态保护是一门综合性较强的学科，涉及社会、经济、政治等诸多方面，在治理过程中要运用科学系统的方式，统筹兼顾、突出重点，协调好各方面的利益。

### （四）牢固树立用制度保护生态环境的理念

黄河流域的生态保护离不开体制机制层面的保障，用严格的制度体系为流域治理保驾护航是治理取得实效的必要措施。在制度保障层面，在坚持因地制宜的同时，还要妥善处理好黄河流域连续性与区域治理分割性之间的矛盾，统筹协调考虑，要有全局观，积极探索整体性的保障机制，以此来统筹引领流域内各生态功能区各有侧重防治，最终达到整体协调推进的目的。

## 三、黄河流域高质量发展和水生态治理体制机制探析

实现黄河流域高质量发展，须在水环境防御治理方面探索出符合客观规律的体制机制方可起到事半功倍的效果。根据流域内产业园区种类、城镇化规模、农业发展需求、区域生态环境基础等实际，采取区域化差异原则，积极构建科学的体制机制，综合协调推进流域内产业结构调整，最终实现黄河流域治理的长久安澜。

## （一）建立覆盖全流域的综合协调机制

受地理环境和区域经济发展影响，黄河流域发展潜力、发展动能、经济基础有较大差异，受制于治理成本、治理能力和技术的限制，黄河流域在绿色转型发展上还有许多困境。面对困难与调整，需要建立覆盖全流域的综合协调机制来解决。积极探索上下游合作联动机制，完善流域内重点保护区域的环境反馈补偿机制，流域内重大问题协调解决，继续巩固和推进河长制管理模式，环境基础设施建设与环境保护工程协调推进，努力消除环境保护区域分割性与黄河流域环境连续性之间的矛盾。

## （二）积极构建权责明确的责任体系

黄河流域水生态的治理是为了经济更好的转型发展，如何实现两者之间的协调推进，让经济效益和生态效益之间取得利益最大化显得尤为重要。在流域整体发展规划与保护设计中，重点对流域内企业、当地政府以及中央的权责进行明晰划分。企业作为经济增长的主要推动者，同时也是流域内直接的环境破坏者。企业为了追求利益最大化往往在环境污染预防和治理方面表现得不够积极，不愿意在环境治理方面增加自己的开支。所以，对企业的监管必须从严，流域内地方政府要切实担负起责任，结合中央方针、政策精神，因地制宜制定各项措施，督促企业将绿色发展理念融入生产的各个环节，努力让经济发展与环境治理相协调。中央作为流域治理的顶层设计者，在政策制定、联动协调、总揽推进方面有着不可替代的作用，也是最有能力实现黄河流域长治久安的最重要的力量。

## （三）健全生态反馈补偿机制

健全生态补偿机制可以有效解决经济发展与环境保护之间的矛盾。生态反馈补偿机制可以让生态投资者获得应有的回馈，让对环境造成损害的主体，以及环境保护收益较大的主体付出一定的费用，反馈补偿给因环境保护投入多、经济收益少的区域，以此来鼓励和扶持环境保护者的积极性，有效促进环境资产的增值。继续按照"谁开发、谁保护，谁利用、谁补偿"的原则，按照水资源用量大小进行跨区域宏观调控，对用水多、收益大、对水环境冲击大的区域和企业征收补偿费用，反馈补偿给流域内自然保护区、生态功能保护区和中上游重点水土保持区域。

## （四）将绿色 GDP 纳入干部政绩考核评价

在以绿色为底色的时代背景下，各级领导干部在谋划发展方面不能单纯地唯经济 GDP 是从，而是要将绿色协调的发展理念融入经济社会发展的各个层面和各个环节，严格遵守各类生态红线，坚决杜绝以牺牲环境资源短期获取快速发展的粗放模式。同时，要引导规范干部的政绩观，将绿色GDP 纳入干部政绩考核评价标准，把节能减排与企业负责人、政府官员的政绩结合起来，进而来修正领导干部的政绩观，也能有力促进高耗能高污染企业绿色转型高质量发展。

## （五）严守生态环保政策，合理规划产业布局

深入调研黄河流域的水环境现状，结合黄河流域国家从战略层面做出的功能区划分，坚守"不欠新账，多还旧账"的原则，对高耗能高污染产业严格环境准入政策，对于不符合环保政策的产业，以及符合环保政策但与流域内地方产业整体布局不协调，或是不符合功能区定位的产业严格不予引入。

## （六）倡导生态文明机制，促进产业置换

我们不能因为在当前大力倡导生态文明的背景下从一个极端走向另一个极端，在水生态治理方面必然也要结合民生需要，兼顾好经济发展与水生态治理的关系，选择最优的解决方案，而产业置换无疑是最佳的。在置

换机制的确立中，要充分考虑流域内的自然环境、人文特点、风俗民情等实际，选择若干个绿色生态产业替换传统的高耗能高污染以及粗放式低效率的传统农业，逐渐消除污染高的产业存量，并不断挖掘绿色产业的深层次空间，努力延长生态产业链，引领带动相关生态产业发展。

## 四、黄河流域高质量发展和水生态治理推进策略

推动产业绿色转型发展，促进流域生态功能区优质生态产品的持续供给，不断加强水生态治理基础设施建设，是黄河流域水生态治理的重要举措。

### （一）把握区域特点，合理规划保护

按照黄河流域自上而下主要分为三大区域，即青藏高原区、黄土高原区、华北平原区，要处理好高质量发展与水生态治理的关系，必须深刻认识这三个区域的地域环境特点，充分考虑各自区域的经济基础和发展潜力，才能做到"因地制宜、分类施策"，进而做到统筹谋划，抓好大保护，推进大治理。青藏高原是黄河发源地，需要重点保护，确保区域水源涵养能力持续增进，在战略层面因以保护为主，开发利用方面要严格环境评估，对区域内的众多保护区严格管护，注重保护区人才资金引进，从国家层面制定中下游产业发展区对涵养区的生态补偿机制，确保"谁受益、谁付出"的原则落实落地。黄土高原是黄河的主要覆盖地区，其环境资源较为丰富，受制于生态环境的脆弱性，环境保护与经济发展的矛盾非常突出，也是做好黄河流域高质量发展与水生态治理的重点区域，当前所暴露的问题都与此相关。所以，今后的发展，重点要解决好流域城市群的发展方式，以太原、关中、呼包鄂、银川等为核心的城市群，积极探索可持续发展的模式，确保人类社会发展的行为对流域不要构成较大的冲击和破坏。华北平原人口

比较稠密，经济发展也具备一定优势，高质量发展离不开高素质产业的支撑，华北平原区域要积极担负起这方面的历史使命，积极探索，勇于创新，不断引领高质量发展。

### （二）积极推进产业绿色转型升级

国家早已对全国各个区域从战略层面做出了生态功能区域划分，我们要坚决遵照指导，因地制宜推进各类产业，尤其是工业的转型升级，使之与所在区域生态功能定位相匹配、相契合，通过多种经济形式，利用多种经济、政策治理手段综合考虑的方式，全面促进各类产业不断优化提升，不断向更高层次的绿色方式迈进。各地政府针对产业升级的政策要优先考虑落实，保障在环境保护方面的投入，在工业园区的建设和完善过程中，优先要着手环境管理能力的建设，对一些特色优势的绿色产业要给予大力的扶持。重点推进中上游宁夏宁东、内蒙古西部、陕西、山西等区域能源化工基地的优化，这些基地在煤炭天然气生产、煤化工、能源提供等方面已经形成了规模优势，在确保我国能源储备和安全方面有着举足轻重的作用，同时，对流域环境的影响也非常直接和巨大。面对这种难以取舍的状况，只有不断提升环境管控能力，不断提升技术革新，才能在确保各方利益的前提下走向可持续发展的道路。

### （三）落实生态功能区保护政策，确保优质生态产品的提供能力绵远久长

黄河作为中华民族的母亲河，孕育滋养了灿烂的华夏文明，其流域环境资源丰沛，景色秀美宜人，有着浩如星海的沙漠、水草丰茂的草原、险峻奇幻的峡谷、气势恢宏的壶口瀑布，还拥有众多国家级公园与生态功能区划分。面对这样的环境资源，应当遵照习近平总书记座谈会讲话精神，重点做好生态功能区的保护，综合考虑国土空间格局与流域内的自然经济

状况，设定区域保护目标，落实生态功能区保护政策，确保优质生态产品的提供能力绵远久长。

### （四）加强以水环境治理为目标的基础设施建设，确保流域水生态长治久安

黄河流域防洪减灾始终是我们面对的一项长期考验，其水灾隐患的警惕时刻不能放松。在当前形势下，要确保黄河长久安澜，就必须要不断完善防洪治理。要做到这一点，就必须抓住水沙调控这一主要矛盾，重点做好流域中上游河道和滩区的治理，缓冲下游流域的泥沙堆淤；对流域内重点河段要重点关注，加强其防护工程。除此以外，还要强化节水型社会的建设，针对城市用水粗放、农业用水量大的现状，不断优化升级相关设施，不断提升水资源利用效率，对于不合理的用水要求，相关部门要坚决予以制正，对于污染水资源的企业或者个人要严肃追究责任。

# 第七章　黄河流域生态保护法治力量

## 第一节　黄河法律文化

　　黄河是中华民族的母亲河，孕育了辉煌灿烂的中华文明，也形成了中华法系的基本面貌，造就了具有普遍代表性同时由又独具特色的河南黄河法律文化。就广义而言，河南黄河法律文化是河南境内关于黄河的相关法律文化的统称，是一种彰显人水和谐关系的法律文化。就狭义而言，河南黄河法律文化是指在中华文明发展演进过程中居住在黄河中下游流域（以今河南为中心）的中原人民在黄河官方治理、百姓取水用水等方面形成的法律法规、民间习惯法以及相关司法实践等。若以时间为轴，可以区分为河南古代黄河法律文化、近现代黄河法律文化以及当代黄河法律文化。从横向来看，则又是河南农耕法律文化、衙署法律文化、移民法律文化、文学戏曲法律文化得以产生发展的前提和基础。

　　关于文化的概念和本质，可谓仁者见仁、智者见智，而且人们对文化的理解和认识也是一个不断深入的过程。"观乎天文，以察时变；观乎人文，以化成天下。"《周易·贲卦·象传》中出现了"文化"一词的最早形态——人文化成，是指用人文的道理造就人的世界。作为整体词汇的"文化"，则可以理解为用人的标准与尺度去改变对象的行为过程及结果。被誉为"人类学之父"的英国著名学者爱德华·泰勒1871年在其代表作《原始文化》中指出："文化或文明，就其广泛的民族学意义来说，是包括全部的知识、信仰、艺术、道德、法律、风俗以及作为社会成员的人所掌握和接受的任何其他的才能和习惯的复合体。"爱德华·泰勒对文化含义的表述被广为接受。因而，文化可以理解为人类在社会实践活动中所获得的物质财富和精神财富的总和。水文化作为文化的主要领域，是一种体现人与水关系的文化，因为水是生命之源，是人类赖以生存和发展的物质条件，也是人类社会生产实践的对象。

# 一、河南黄河法律文化的内涵

定义黄河法律文化，必须从理解法律文化的概念开始。关于法律文化，1969 年弗里德曼在其《法律与社会发展》一书中最先提出，"法律文化指向一般文化中的习惯、意见、做法或想法，这些因素使社会势力以各种方式转向法律或背离法律"，因为社会和制度不能独生法律，这时候就需要一个介入元素决定社会集团或者社会个体对于法律产生一个态度，那么这个介入元素就是弗里德曼所谓的"法律文化"。

关于国内学者对法律文化概念的阐释，梁治平先生指出法律文化有广义、狭义之分。广义的法律文化应该能够囊括所有法律现象，包括法律观念、法律意识、法律行为、法律的机构和实施、法律制度和作为符号体系的法典、判例以及不成文的惯例和习惯法等等。狭义的法律文化则主要指法（包括法律体系、法律机构和设施等）的观念形态和价值体系（包括知识、信念、判断、态度等），与此有密切关系的人类行为模式也应包括在内。张文显先生认为，法律文化是法律现象的精神部分，即由社会的经济基础和政治结构决定的、在历史过程中积累下来并不断创新的有关法和法律生活的群体性认知、评价、心态和行为模式的总汇此外，张中秋教授认为，作为人类文化重要组成部分的法律文化，主要指内化在法律思想、法律制度、法律设施以及人们的行为模式之中，并在精神和原则上引导或制约它们发展的一般观念及价值系统。何勤华教授则认为，法律文化是指与法律有关的各种活动的创造性成果的积淀，包括物质和精神两个方面的有关概念。

综合上述学者对"法律文化"的定义，可见学界论争的焦点主要集中于以下几个方面：其一，法律文化纯粹是法律现象的精神部分还是精神部分与物质部分的结合？其二，如果是精神部分与物质部分的结合，那么精神部分与物质部分各自的范围又将如何界定？我们认为，既然法律文化属于文化的范畴，人类所创造出来的法律物质财富也理应归入法律文化中；再者，法律文化作为文化这一复杂矛盾体的特别矛盾，有区别于其他各种文化的独特之处，而此独特之处在于它应是人们在法律实践活动中所形成的法律制度、法律思想（包括法律观念、法律学说、法律精神）以及与法律相关的行为方式的总和。中国传统法律文化是指由中华民族特殊的历史条件与民族性所决定、数千年一脉相传的法律实践活动及其成果（包括行为样式、制度、学说及内在精神）的统称，即自夏至清四千多年来所形成的法律系统，源远流长而又一脉相承，博大宏伟而又别具风格，孕育出了蜚声人类文明发展史的"中华法系"。

黄河是中华民族的母亲河，孕育了辉煌灿烂的中华文明，也形成了中华法系的基本面貌，造就了具有普遍代表性同时由又独具特色的河南黄河法律文化。就广义而言，河南黄河法律文化是河南境内关于黄河的相关法律文化的统称，涵括了人们对黄河的认识和感受，关于黄河的观念，管理黄河的方式、社会规范、法律，对待黄河的社会行为，治理与改造黄河环境的文化结果等。它通过宗教、文学艺术、制度、社会行为、物质建设等方面得以表达，是一种彰显人水和谐关系的法律文化。就狭义而言，河南黄河法律文化是指在中华文明发展演进过程中居住在黄河中下游流域（以今河南为中心）的中原人民在黄河官方治理、百姓取水用水等方面形成的法律法规、民间习惯法以及相关司法实践等。若以时间为轴，可以区分为河南古代黄河法律文化、近现代黄河法律文化以及当代黄河法律文化。从横向来看，则又是河南农耕法律文化、衙署法律文化、移民法律文化、文学戏曲法律文化得以产生发展的前提和基础。

## 二、河南黄河法律文化的特征

年鉴史学家布罗代尔指出,世界四大文明古国在其历史的黎明时期均形成了不同区域的"大河文明",黄河流域的中国文明也是其中之一。由此看来,中国的文明显然与黄河中下游流域及其众多分支水系之间有一定的相互关联。此外,在中国人传统的法律文化观念里,河南是中原腹地、兵家必争之地,黄河文明作为中国文化发祥地是自然、历史、社会、文化等多方面因素共同作用的结果,这些因素也形成了独特的河南黄河法律文化特征。

### (一)根本性

河南位于黄河中下游,是连接四方的天下之中,长期以来是中国的政治、经济、文化和军事中心。河南黄河文化对中华法系的形成和内容构成影响深远,如古代儒家文化将人伦、礼法政治化,提出了忠孝合一、家国一体的伦理政治观,在伦理道德、文治教化功能及科举制度的社会流动功能催化下不断社会化,构成了中国传统文化的主体。伴随着血缘、人伦关系在政治生活领域的不断渗透,家庭伦理扩大移植到政治生活领域,形成了家国同构、内圣外王的治国理政方略。同时,黄河流域人民自给自足的生产生活方式、浓厚的耕读传家情结、重农抑商意识、"学而优则仕"的追求以及君臣父子思想等,加强了政治与伦理的混融。家国同构、忠孝一体的政治伦理化和伦理政治化加强了君主权威。以上内容共同形成了古代黄河法律文化的根基,对中华法系的内容构成及理念形成具有重大影响。

## （二）区域性

河南黄河法律文化的内容构成既有流域性要素，更凸显了区域性特点。黄河从源头到入海口，在上中下游之间形成了独特的流域自然、社会、经济、生态特点。黄河流域沿岸的湿地、河滩、森林、草原、湖泊等形成了黄河特有的自然生态系统。黄河流域沿线的风土人情、饮食文化、民俗文化、旅游文化、文学艺术、科技文化等诸多方面，形成了黄河流域得天独厚的历史文化资源。因此，河南黄河法律文化彰显了鲜明的区域性特征。河南地处黄河中下游，境内自三门峡至孟津是黄河最后的峡谷河道。自孟津至郑州，南岸为黄土丘陵，北岸为平原，是峡谷河道向宽浅河道的过渡地带。自桃花峪以东至兰考东坝头，河道宽而浅，最宽达 20 km，为典型的游荡性河道，这里不仅高出地面十余米，形成典型的"地上悬河"，也是淮河、海河水系的分水岭，黄河由此向东折而流向东北，形成了黄河最后一个弯。因此，河南段的黄河有峡谷河道、游荡河道、地上悬河、弯曲河道，其地貌地理景观在全流域各省、自治区中最为丰富齐全。这些都赋予了河南黄河法律文化很强的区域性特点。

## （三）和谐性

黄河文化带有黄河的本色，它像黄河一样具有博大雄浑的气魄、凝重深沉的性格、质朴无华的品质以及豪迈融汇的胸怀。黄河文化属于一种旱地农业文化，它是黄河两岸人民在长期繁衍生息、辛勤劳作、勇敢奋斗的历史过程中共同创造出来的。马克思曾说："社会是人同自然界地完成了的本质的统一，是自然界的真正复活，是人的实现了的自然主义和自然界地实现了的人道主义。"正如马克思关于人与自然界关系的精辟见解，人类历史就是人们处理人与自然关系的历史，人与自然的和谐相处一直是千百年来人类孜孜以求的理想。在处理人与水关系的过程中，历经了原始和谐状态、长期紧张再到追求新型和谐的历史周期。重温中国古代水文化，提倡人水和谐的思想，对于我们重构人水和谐的关系，实现人与水的和谐相处具有重要的现实价值。

黄河流域在为中华文化提供坚实物质基础的同时，也形成了自己独特的精神体系，并随着时代的发展而不断更新壮大。黄河流域自然和人文因素的熏陶，使得河南黄河流域内出现了许多开拓进取、艰苦奋斗的典型人物和事迹，如大禹治水、红旗渠精神、南水北调精神等。这种不断进取的文化精神在崭新的历史条件下，成为推动新时代中国特色社会主义建设、实现中原更加出彩的重要精神动力和智慧之源。

## 三、古代河南黄河法律文化

北宋以前，中华文明主要以黄河为中心而繁荣发展。该时期的黄河法律文化遵循顺应自然、因势利导的水治理理念，并通过不同的乡规民约表现出来，遵循着调解为主、诉讼为辅的水纠纷解决路径。

### （一）敬畏自然：古代河南黄河法律文化的基本理念

河图与洛书是历史上中华文化核心区河洛附近流传下来的两幅神秘图案，历来被认为是河洛文化的滥觞，也是黄河法律文化的重要组成部分。河图洛书是中华文化、阴阳五行术数之源，最早记录在《尚书》之中，其次见于《易传》，诸子百家著述中也多有记述。太极、八卦、周易、六甲、九星、风水等皆可追源至此。《易·系辞（上）》有"河出图，洛出书，圣人则之"之说。基于当时的经济发展水平，人们对自然充满了敬畏，重大事情时常求助于神明。

古人对黄河的崇拜，一方面在于它和人们的日常生产生活息息相关，另一方面由于黄河的涨落带来的灾害，使得人们认为河水是一个神秘而危险的世界。殷墟甲骨文中有很多关于商人祭河的卜辞。现存的卜辞中有大量关于人们向河神进行"求雨""求年""求禾"等祭祀活动的记载。河为水神，而农事收获依赖雨水与土地，故河又成为求雨求年之对象。"壬午卜，于河求雨，燎。""戊寅卜，争贞，求年于河，燎三小牢，沉三牛。""壬申贞，求禾于河，燎三牛，沉三牛。"从这些卜辞中可以看出，殷人祭祀黄河是十分普遍而虔诚的，并且祭祀已有相当规模，祭品不仅有牛、羊及牢，而且还把女子作为祭品献给河神。可见，黄河河神在古代崇拜与祭祀习俗中的主导地位于商朝便已奠定。从春秋战国时期，自然崇拜的黄河河神开始了其人格化和社会化的复杂过程，最明显的表现就是河神形体的人化，有了姓名、配偶以及新的社会职能。河伯作为黄河河神，在先秦时期一直处于极高的地位。神话学专家袁珂先生在其著作《中国神话传说辞典》中总结指出，"河伯乃黄河之神，自殷商而降，至于周末，为人所奉祀，位望隆崇"。而且此后，关于黄河河神的神话故事层出不穷，河神也在无形中被赋予更多的职能，逐渐开始参与世俗事务，如主宰战争的胜负。《左传·文公十二年》记载，秦晋交战之前"秦伯以璧祈战于河"，掌控人间疾患。《史记·鲁周公世家》亦载，"初，成王少时，病，周公乃自揃其蚤沉之河，以祝于神曰：王少未有识，奸神命者乃旦也"。《金史·河渠志》也记录了官方祭祀河神、加封河神庙的场景，如"大定二十七年春正月，尚书省言：'郑州河阴县圣后庙，前代河水为患，屡祷有应，尝加封号庙额。今因祷祈，河遂安流，乞加褒赠。上从其请，特加号曰昭应顺济圣后，庙曰灵德善利之庙。"

清代尤其是晚清以来，官方对民间河神大肆册封，颠覆了河神作为黄河正统水神的地位，官方河神祭拜系统开始混乱。清帝逊位之后，黄河祭拜逐渐失去了国家政治权力的保障，对河神的祭拜也被定性为封建迷信，从国家祀典中滑落。由于国家祀典的摒弃、新兴知识分子阶层的批判、传统无神论思想的进一步发展以及基督教对信众的争夺，民国时期民间河神信仰空间也不断萎缩。

在古代黄河的治理及相关法规中，充满了对自然的敬畏和顺从，其中比较典型的就是大禹治水。古黄河流经中原时，由于没有固定的河道，到处漫流经常泛滥成灾，各部落的人们被迫逃避到一个个高地上，形成了许多孤岛。史书记载，我国最早成功治理河南境内黄河水患者非大禹莫属。在大禹治理黄河水害之前，大禹的父亲鲧曾尝试使用"埋""障"的方法，然而成效不佳。大禹吸取了父亲失败的教训，采用疏导的方法治水，并且亲临一线，栉风沐雨，经过十多年的艰苦奋斗，终使河川皆与四海相通，再无壅塞溃决之患。《禹贡》"导水"部分记录了当时黄河的状况："导河积石，至于龙门；南至于华阴，东至于底柱，又东至于孟津，东过洛汭，至于大伾；北过降水，至于大陆；又北，播为九河，同为逆河，入于海"，记录了九州水土经过治理以后的状况。大禹采取因势利导的方法来治理黄河水患，使洪水沿着新开的河道顺畅地流入大海，创造了流芳千古的伟大业绩。汉代史学家司马迁记载了大禹的丰功伟绩："载四时，以开九州，通九道，陂九泽，度九山。"

　　大禹治水成功的重要原因就是他遵循河流的自然规律，疏通淤塞的河道，把洪水疏导出去。大禹不仅治理了水患，而且还考察了九州的土地物产，规定了各地的贡品赋税，开通了各地朝贡的方便途径，并在此基础上划定了五服界域，使得全国范围内形成了众河朝宗于大海、万方朝宗于天子的统一安定的大好局面。

## （二）乡规民约：古代河南黄河法律文化的重要表现形式

　　在中国传统社会中，虽然也颁布了一些水利法规，但在实践中对于黄河生态环境及用水的调整主要依靠习惯和约定。这些乡规民约充分体现了法的秩序维护功能，体现了黄河法律文化的特色。其特点有三：其一，民间乡规民约带有明显的地域性特点。相对于官方意志的国家法律，乡规民约"只适用于特定的社会区域的人类群体和组织"，其功能限制在某个特定的地域范围，不同地区在地理环境、经济发展水平、社会风俗习惯方面都存在较大差异，形成河南境内特定的黄河法律文化。其二，乡规民约带有自发的社会属性。它的形成大多数起源于民众的现实需要，包括一定社会区域内的民众历史知识及经验的积累，是民众在现实生活中长时间逐步自发运转的，外部干预因素较小。河南黄河流域乡间民约的形成具有自身的特色，很多民约有清晰的法律条文，刻之碑石使之长期规范化。其三，乡规民约具有强烈的乡土特色。乡规民约来源于民众的日常生活，与自身的农业生产和日常生活紧密联系。

早在春秋战国时期，诸侯国的盟约中就有禁止以邻为壑的规定，如"勿曲防""无曲堤"。先秦道家思想中的万物平等、尊重万物、顺应自然的生态环保思想，汉代以董仲舒为代表的儒家天人合一、仁爱万物的生态环保思想以及先秦阴阳家有关时令的思想，都影响着人们的生产和生活，在民间形成了许多保护黄河生态环境及水资源的行为规范。《月令》是集中体现民间礼俗禁忌的文化遗存，在某种条件下又以政令形式推行。《吕氏春秋》中说："夫审天者，察列星而知四时，因也；推历者，视月行而知晦朔，因也。"王莽下诏书让百姓免费采择山泽资源，但是必须要遵循《月令》的规定，不得侵害水泽和陂池，以免对整个水生态造成伤害。诏书规定从仲秋到冬季，一直到来年孟春，禁止破土动工，以此来配合天地之藏。只有在季春到夏季这段时期，才可以动水土来修筑堤防、道达沟渎、开通道路。贾谊在《新书·礼》中指出，人类在利用自然界的资源时，要做到"不合围，不掩群，不射宿，不涸泽"，即不要毁灭性地进行开发与利用资源。同时，还要做到"取之有时，用之有节"，因为只有这样，才能"物蓄多"，才能取之不尽、用之不竭，从而可持续地利用自然资源。

中国古代河南黄河水事纠纷的解决主要以地方乡规民约为主要依据，辅之以情理解决。乡规民约的表现形式是渠册（水册）、水例，它"产生于村镇的水田农户"，是民间制定的"乡规民约，有依条赏罚之作用——属于自然法性质"，其表现形式主要是乡例、俗例、乡视、土例等。官府对乡村社会内部争水械斗的行为并不多加干预，只有在发生重大命案或双方争斗激烈争执不下时，才会以仲裁者的身份被动介入。在中国古代河南境内的地方史志和水利碑刻中，保留着大量黄河法律文化中维持秩序的民间乡规民约。

河南黄河水权民事纠纷的乡规民约，是黄河流域民间用水群众在共同利益基础上经过长期博弈协商而形成的地方乡村法律制度，蕴含着古代乡间居民的权利意识、自治协商和遵守规则精神。

## （三）调解为主、诉讼为辅：古代黄河水纠纷的主要解决路径

黄河流域是世界上最早的灌溉农业区之一。河南地处北温带，气候干燥，降水量较少。因此，我们祖先很早就利用灌溉技术来弥补降水不足对农业生产的制约。在上述利用水资源过程中，不可避免会发生用水纠纷。因此，在汉朝之前，河南境内的黄河用水就开始有零碎的水权制度。唐宋以后，以国家法律为主导的正式水权制度开始发展壮大。唐朝已经有了比较详细的水事法律制度——《水部式》，宋朝的《农田水利约束》和元朝的《洪堰制度》《用水则例》等都进一步细化了水权制度。明清时期形成了乡规民约与国家正式制度相辅相成的水权制度体系。水权制度体系包括水权管理方式、管理机构、用水顺序、水权与地权关系、分水方式、节水、工役负担等。其中，申贴制、水册制是中国古代河南黄河水权制度的核心。同时，各个王朝多设立了专门的水权管理机构，负责水权事宜。在水纠纷处理过程中，一般优先考虑统治者用水，其次为民间生活用水、灌溉用水。

古代河南黄河水权纠纷解决机制主要分为民间解决机制和国家解决机制。民间解决机制往往以乡规民约的规范为依据。纵观黄河流域河南地区水纠纷，调解始终贯穿其中。地方乡村内部存在的地缘、家族血缘关系交织而成的个人情感、礼仪规范、乡间舆论、地方乡绅、族长影响的共同作用保障乡规民约的正常运行。另外，由于中国古代行政、司法合一的审判

制度，基层州县官员对于一般的民事争讼也往往采取调解方法解决。只有经过家族组织、乡、里、乡老、里正、村正、坊正等调解仍然不能解决的问题，州县衙门才会审理。而对于不服调解的案件，州县衙门也往往消极应对，能拖则拖。对水权纠纷的审理一般采用民刑不分的处理办法、审理程序。水纠纷案件很少能够通过正常司法程序进入进一步上诉，因为民事案件实行一审终审制，州县判决后即可执行。

# 四、近现代河南黄河法律文化

黄河生态环境、水资源的变化以及战争的影响，导致黄河流域文明的衰落。近现代河南黄河水害频繁，治理和开发利用黄河成为近现代黄河法律文化的主旋律。与此同时，大力兴办水利教育也成为近代以来河南黄河法律文化的特色。

## （一）河南黄河流域生态环境及水资源的变化

秦始皇统一中国后，开始伐树毁林，大兴土木，"蜀山兀，阿房出，覆压三百余里"，足见森林破坏的严重性。我国历史上第一次对黄河流域西北干旱和半干旱地区水资源的大力开发，始于西汉武帝时代。汉武帝时代，北伐匈奴复取河南地后，从内地迁去近百万从事农耕的汉人安置在沿边诸地，设置了大批郡县。于是汉武帝元封年间，农垦区向北推进，"北益广田，至眩雷为塞"。据《汉书·地理志》记载，到西汉末年在山陕峡谷流域泾渭北洛河上游、晋北高原以至河套地区人口竟达 310 万。为了维持这些人口的生存，就必须开辟大量耕地。汉代为了屯垦农耕开挖了不少灌溉渠道，引以高山积雪为源的河流进行灌溉。

《史记·平准书》载，武帝时"朔方亦穿渠，作者数万人；各历二三期，功未就，费亦各巨万十数"。《匈奴列传》载"元狩四年（前119）汉度河自朔方以西至令居,往往通渠,置田官吏卒五六万人",居住在今甘肃永登县西北。又载元鼎六年(前111),"数万人渡河,筑令居,初至张掖、酒泉郡,而上郡、朔方、西河、河西开田官,斥塞卒六十万人戍田之"。《水经·河水注》中也记载了银川平原和后套平原上汉代引河水灌溉的渠道。以上记载均说明,汉武帝时代在西北干旱区进行了大规模的水利建设和农田开发,消耗了大量水资源。由于当地日照强烈,地面水多易蒸发,新开耕的土地一经风吹就地起沙,给河南黄河流域生态环境带来了负面作用。

黄土高原自秦汉以来农耕的开发,造成泾、渭、北洛河上游森林被毁,水土流失加剧,泾、渭、北洛河含沙量增多,引以为源的人工灌溉渠道先后出现淤浅,灌溉作用减弱,如唐朝时郑国渠石川河以西河段已经淤废。宋代以后,郑国渠因渠身淤高灌溉作用已经很小,其灌溉面积不及西汉时的1/2。《元史·河渠志》载关中地区"渠堰缺坏,土地荒芜,陕西之人虽欲种莳,不获水利",明代关中地区水利工程大多废坏,"堤堰摧决,沟洫雍潴,民弗蒙利"。

明清时关中平原虽然仍为我国小麦主要产区,但环境已趋恶化,风沙蔽天,城镇经济凋零,与汉唐时的繁荣真有天壤之别。

由此,随着黄河中上游黄土高原的长期过度开发,引起水土流失加剧,黄河泛滥严重,下游河湖被淤被垦,引起水资源匮乏。加上黄河流域长期处于战乱状态,人口逃亡,水利失修,河南黄河流域的鼎盛和辉煌逐渐衰败。

## (二)治理和利用黄河是近现代黄河法律文化的主要内容

黄河出了黄土高原,流入下游平原地区,河道变宽,坡度渐缓,流速减慢。大量泥沙沉积河底,河床逐渐抬高,只有通过人工筑堤才能约束河水,结果堤岸越筑越高,黄河下游的河床一般都比两岸地区高出3 m多,有的河段高出1 m以上,成为举世闻名的"地上悬河"。这种特殊河流一遇暴雨,河水猛涨,必然决口改道,因此灾难频繁。每次灾难都夺去千万人性命,流离失所者不计其数。1938 年黄河改道,滚滚黄河汹涌南下,冲进淮河,淹没豫皖苏大片土地,受灾人口 1 250 万、死亡 89 万,黄淮平原的千里沃野变成了一片凄惨荒凉的"黄泛区"。

基于黄河的自然特征,中国历朝历代都非常注重黄河的治理。尤其近代以来,随着黄河生态环境及水资源的变化,专设黄河治理机构并出台一系列治理和保护黄河的制度措施,成为近现代黄河法律文化的主要内容。

清末,因黄河河务关系重大设有专官,驻扎在河南省城者为总河行馆,为每年巡防暂居之所。虽然河督驻扎之所屡有更易,但都在治理黄河的紧要之区。刘树堂基本按照就近原则,将原东河总督职权及其附属人员的划分问题划归清楚,这对黄河治理、职责到位等都有积极意义。清代河政变化巨大,部分原因是这一时期既严重又频发的河患,加之吏治败坏,河臣不专守其责。因此,朝廷就这一问题制定了奖惩措施,一定程度上对河患治理、河工修治起到了积极作用。

民国初期,一些具有强烈民族危机感的知识分子纷纷留学出国,希望通过学习国外先进的科学技术富民强国。当时,有着丰富水利知识和法律知识的新派人物,如李仪祉、茅以升等参与了黄河水利的相关制度建设,他们把大量国外先进的水事法律制度引入中国并付诸实践,丰富和完善了黄河法律文化的内容。20 世纪三四十年代,国民政府颁布了一系列治理黄河的法律法规,如 1930 年国民政府行政院颁布了"河川法",其中包括防洪抢险时地方政府就地征用物料和拆毁障碍物的权力等事项。1942 年,国民政府颁布了近代第一部水利法。1933 年成立了黄河水利委员会。根据其公布的《国民政府黄河水利委员会组织条例》规定,黄河水利委员会直属于国民政府,掌管黄河全部及其支流测量、疏浚、灌溉以及一切兴利、防患、筹款、施工事务。1936 年,中央又颁布《黄河委员会督察河防暂行规则》,要求黄河水利委员会在河防未统一之前,负责督察冀、鲁、豫三省河防,并设置督防处专管河防事宜,包括督察、河防、事务三组,沿河各县必须配合委员会工作。另外增加一些附属机构的设置，体现了委员会组织机构的人性化和专业化，也体现了近代水利组织机构的日趋完善。

民国时期的水权制度特别是黄河灌区的用水管理制度，大多继承了历史上的用水习惯。这些用水管理都是灌区人民几千年来经验的总结，和当地的自然环境紧密联系在一起，成为当地人文环境的一部分。直接运用这些为当地人所熟悉的东西，能减少学习成本，减少制度实施和制度环境的摩擦，节约交易成本，提高制度运行效率。

尽管民国时期颁布了水利法等一系列治理及利用黄河的制度措施，然而由于当时河南黄河流域政局动荡、战争频繁等原因，这些法律法规未能得到充分贯彻实行。

## （三）大力兴办水利教育是近代河南黄河法律文化的特色

鉴于黄河流域生态环境的复杂及治理黄河的艰难，从清末开始就出现了针对黄河水利教育的机构。比如河工研究所创办于光绪三十四年（1908年），这是中国近代水利教育的开始。时任永定河道的吕佩芬十分注意培养人才，他在治河过程深感治河人才的匮乏和河工专业知识的不足，"素称熟悉工程之员但能举其大略，均少确实见地"，遇有险工时，"欲求其措置咸宜，胜任愉快，甚属不易"。因此，他认为要完成治河任务，必须培养一支专业化的河工队伍。1922年，冯玉祥在河南创办了"河南省水利工程测绘养成所"，近代著名土木工程专家在此任教，培育出水利工程测量专业人才59名。1927年，冯玉祥开办了为期4个月的"凿井技术训练班"，为各县培养凿井技师100余名。次年，又筹办了"河南省水利技术传习所"，培养水利工程施工、水文测验等专业技术人才150名。这些教育机构的设置，为河南省培育了一批从事水利建设的专门人才，推动了河南省水利建设。河南水利工程专科学校创立于1929年3月，在冯玉祥将军的号召和带领下组织创建。1927年6月北伐军进驻开封，冯玉祥出任河南省政府主席，他十分重视教育和水利建设，鉴于当时水利工程人才严重缺乏，便令建设厅厅长张鲂拨出建设厅部分房产为校址，任命建设厅科长陈泮岭为校长，创办了河南建设厅水利工程学校，后改校名为河南省水利工程专门学校。1929 年经教育部备案，将其定名为河南省立水利工程专科学校。1942 年 7 月学校再次改名为黄河流域水利工程专科学校。直到 1947 年年初，在多方努力和协调下，在该校原址成立了私立中原工学院，招收水利工程系一班 50 人，学制 4 年；大学补习班 200 名，学制半年，成绩优异者可入该院本科。另附设高级职业学校，招收初中毕业生。

# 五、当代河南黄河法律文化

当代河南黄河法律文化包括中华人民共和国成立之后至 20 世纪末、21 世纪以来两个阶段。中华人民共和国成立以后，利用黄河、改造黄河的"除害、兴利"原则成为河南黄河法律文化的主体方略。随着黄河断流的发生以及流域生态环境的变化，以"保护、发展"为内容的人水和谐理念逐渐成为当代河南黄河法律文化的主旋律。

## （一）中华人民共和国成立后以治理和开发为主是黄河法律文化的主旋律

中华人民共和国成立后，党和国家领导人非常关心黄河治理。为搞好黄河的治理和开发，1950 年 1 月，中央人民政府决定把黄河水利委员会定为流域性机构，统一领导和管理黄河的治理与开发，并直接管理河南、山东两省的河防建设和防汛工作。1952 年，毛泽东视察黄河后，要求一定要把黄河的事情办好。光靠被动应对自然力所造成的破坏，是不能从根本上实现水害转化为水利的，必须充分发挥人的主观能动性，主动出击，把水变成为人类社会进步的源泉。1954 年，中央有关部门组织专家着手编制黄河治理开发规划。1955 年，第一届全国人民代表大会第二次会议通过了《关于根治黄河水害和开发黄河水利的综合规划的决议》，并批准了黄河规划的原则和基本内容。

为了充分治理开发黄河，1957 年在黄河干流上开工建设了黄河第一大坝——三门峡大坝，在防洪灌溉、减少河道淤积以及城市工业供水、发电等方面发挥了巨大的综合效益。三门峡水库修完不但把几千年以来的黄河水患解决了，还能灌溉农田几千万亩，发电一百万，通行轮船也有了条件。随后毛泽东在黄河开封段的东坝头上，详细察看了黄河的险工及石坝等情况，并询问了石坝和大堤的修建，他认为对支流水库的治理以及河流上淤及周边区域的水土保持工作是预防、根治水患的重要途径。

从总体来看，中国的水资源并不缺乏，但是从区位水资源分布来考虑，北方部分地区极度缺水，南方地区水资源相对丰富，却伴有经常性的灾害。基于这样的现实考虑，第一次正式提出了"南水北调"的宏伟构想。他在对黄河的视察过程中提出了将长江之水调剂到黄河，进而补给华北、西北地区的设想，并与工作人员及在场的水利专家详细探讨了这项工程的可行性。1958 年，《引江济黄济淮规划意见书》最终完成，自此确定了"南水北调"工程具体的实施方案。与此同时，中央批准兴建丹江口水利工程，并提出"借长江济黄、丹江口引汉济黄、引黄济卫，同北京连起来的调水方案"。为了最终确定南水北调工程东、中、西线的规划方案，水利工作者经过近半世纪的反复研究论证，做了大量的规划，研究与有关线路的勘查等前期工作，最后在 2002 年 12 月 27 日，南水北调这一万众利工程终于正式动工。2014 年，南水北调中线工程通水，最终在河南境内实现了长江与黄河水的相连。

20 世纪 50 年代开始对黄河的治理打破了历史上仅仅在黄河下游修守堤防、单纯防洪的局限，从一开始就全面规划，统筹安排，标本兼治，除害兴利，全面开展流域的治理开发，有计划地安排重大工程建设。中央各有关部门、地方各级政府和广大人民群众，齐心协力参加治黄工作，依靠科学技术进步治理黄河，无论是关于黄河问题的勘测研究，还是治黄建设的规模，都是以往任何时代不能比拟的。经过半个世纪的建设，黄河上中下游都开展了不同程度的治理开发，基本形成了"上拦下排，两岸分滞"蓄泄兼筹的防洪工程体系，加高加固了下流两岸堤防，开展河道整治，逐步完善了非工程防洪措施，黄河的洪水得到根本的控制。

### （二）维持黄河健康生命是 21 世纪以来河南黄河法律文化的精髓

随着人们对黄河的治理及利用开发，河南境内的黄河下游从 1972 年至 1999 年的 27 年中，有 22 年下游出现断流，这是有文字记载的黄河历史上空前未有的大事件，黄河面临变成季节性河流或内陆河的巨大威胁。径流量大幅减少又造成水沙关系持续失调，引起河道淤积严重，过流主槽萎缩。

改革开放以来，大量未经处理的工业废水和城市污水直接排入黄河，黄河水质呈急剧恶化之势。据 2008 年监测资料，在评价的 89 个干支流断面中，60.7% 的断面不符合 Ⅲ 类水标准，其中 34.8% 的断面劣于 Ⅴ 类水标准；重大水污染事件发生频次呈持续增加之势。另外，由于大规模的治黄工程和水电开发，黄河已经变成了高度人工控制的河流。奔流的黄河被一座座大坝所阻隔，形成了一座座静水的人工湖。河流的连续性遭到破坏，导致生态环境破碎化以及河滩湿地的退化。1986 年遥感调查黄河流域湿地总面积为 2.98 万 $km^2$，2006 年遥感调查为 2.51 万 $km^2$，几十年间减少 15.7%，其中河南境内花园口以下湿地面积减少占流域的 7.55%。

黄河年年断流及生态环境问题引起了中央政府和社会各界的高度关注。大家普遍认识到，黄河治理开发和利用要从生态保护和维护河流健康生命的角度来确立工作方针、原则和规划，正确处理好开发与保护的关系，把工作的制高点放在维护河流的健康生命上。由此，实施黄河水资源统一管理，维持黄河健康生命、实现黄河水资源的可持续利用成为 21 世纪以来河南黄河法律文化的精髓。1998年12月，国务院批准了《黄河可供水量年度分配及干流水量调度方案》和《黄河水量调度管理办法》，规定由黄河水利委员会统一调度黄河水资源，强化统一管理和科学配置。根据《黄河水量调度管理办法》规定，黄河水利委员会统一制定水量调度方案，加强用水计划管理，采取科学的水量调度措施，提高水资源的利用率，保证了沿黄及相关地区城乡居民生活（工业）用水，最大限度地满足了农业灌溉用水，确保了河道控制断面流量指标，取得了黄河连年不断流的辉煌成就。

为促进黄河水量调度工作的规范化和制度化。2006年7月，国务院颁布了《黄河水量调度条例》，规范了黄河水量调度方案制定、水量分配、水量调度（应急调度）、监督管理等行政行为，建立了控制用水总量、遏制用水浪费、控制入污总量"三条红线"要求的黄河水量调度的法律机制。这些法律机制为加强黄河水资源统一调度，实施最严格的黄河水资源管理制度，最大限度地安排农业、工业、生态环境用水，防止黄河断流，促进黄河流域及相关地区经济社会发展以及生态环境的改善提供了法律保障。同时，为加强黄河湿地保护，河南省内建立了郑州、新乡及三门峡等地的国家级黄河湿地自然保护区，并专门制定了《河南省湿地保护条例》，着力维护河南黄河湿地生态功能和生物多样性，促进河南黄河湿地资源可持续利用。一系列法律法规及制度措施为"维持黄河健康生命"这一终极目标的实现，构筑了黄河水生态及水资源安全的保障体系。

传承弘扬河南黄河法律文化，重在助推当代河南生态文明建设，包括顺应自然，尊重自然规律；艰苦奋斗，不断开拓进取；顾全大局，区域和谐发展。全面加强生态文明建设的顶层设计，通过生产和生活方式的转变，推进经济结构转型和升级。

# 第二节 注入呵护黄河的法治力量

黄河宁，天下平。"水运"总是在历史的逻辑中呈现出惊人的相似继长江"共抓大保护，不搞大开发"之后，黄河流域生态保护与高质量发展，随着习近平总书记 2019 年在郑州主持召开黄河流域生态保护和高质量发展座谈会而上升为事关中华民族伟大复兴和永续发展的重大国家战略。习近平总书记在此次座谈会上的重要讲话，将"黄河之运"与"国家之运"高度结合在了一起，开启了保护和推动黄河流域高质量发展的新征程、新境界，成为未来黄河流域生态保护及其高质量发展的重要指导。

2020 年 6 月，习近平总书记视察宁夏时再次发出要"更加珍惜黄河，精心呵护黄河""保护黄河义不容辞，治理黄河责无旁贷"的伟大号召，并赋予宁夏建设黄河流域生态保护和高质量发展先行区的时代重任。"治理黄河，重在保护，要在治理""保护生态环境必须依靠制度、依靠法治"。因此，法治是保护黄河流域生态和推动高质量发展最不可或缺、最为基本的手段。如何在黄河流域生态保护和发展领域构建其特有的法治体系，激发法治治理能力，为黄河流域生态保护和高质量发展注入法治力量，是新时代推进黄河流域生态保护和高质量发展先行区建设的必答题。

## 一、强化建设黄河流域生态保护和高质量发展的立法体系

"治理黄河，重在保护，要在治理"，故此建立健全黄河流域生态保护和高质量发展的治理体系，是首先要解决的问题。不可否认的是，在所有的治理体系中，法律制度的构建是基本的，也是最为重要的。

从历史维度来讲，中国古人早就探索"善治水者必用法典"的实践。

例如，唐代制定了历史上第一部水利法典《水部式》，随后宋代的《农田水利约束》和金代的《河防令》等法典在古代治水中发挥了重要的作用。历史事实表明，治水离不开法律规则。中华人民共和国成立后，"善治水者必用法典"的实践得以延续和传承，我国先后制定了众多立法文件，这些立法文件对于保护和治理黄河水域发挥了重要作用。但具体梳理现行有效的立法规定后就会发现，目前在黄河流域生态保护和高质量发展领域存在立法上的缺陷是比较明显的：一是从立法的系统性上来讲，这些法律文件因为规定上的分散性而暴露了黄河流域生态保护法律制度的不完善性；二是从立法数量上来讲，目前我国仅制定过《淮河流域水污染防治条例》《太湖流域管理条例》《长江河道采砂管理条例》这三部河流领域层面的行政法规，可谓立法数量偏少、立法层级偏低。这今为止，我国尚未针对某一河流流域保护与发展制定统一的法律规范。因此，有必要制定一部专门的黄河保护法，专门守护母亲黄河，以保障黄河流域高质量发展。

《中华人民共和国黄河保护法》是为了加强黄河流域生态环境保护，保障黄河安澜，推进水资源节约集约利用，推动高质量发展，保护传承弘扬黄河文化，实现人与自然和谐共生、中华民族永续发展，制定的法律。2022年10月30日，中华人民共和国第十三届全国人民代表大会常务委员会第三十七次会议通过《中华人民共和国黄河保护法》，自2023年4月1日起施行。

## 二、强力推动黄河流域生态保护和高质量发展立法效能发挥

推进黄河流域生态保护和高质量发展，必须确保黄河流域生态保护领域立法规则向实践的有效转化，防止法律制度沉睡在法律的静态文本之中，要让法律制度充分发挥出应有的效能。因此，推进黄河流域生态保护和高

质量发展，执法机关坚持和完善好执法体系，并严格推进行政执法，就变得极为重要和迫切。

第一，推动执法理念不断更新。在执法过程中，首要是确保执法的严厉性和严肃性，保证做到依法执法、严格执法。在执法领域必须保证"严"字当头，否则一切执法效果就会大打折扣，甚至沦为走过场、走程序。当然，在执法中还要注重执法的"严度"和执法"温度"之间的关系，保证执法严厉但不失去执法温度，做好行政执法的价值引领。

第二，组建专业化执法队伍。水域与陆地相比，具有流动性和隐蔽性的特征，因此，这就需要一批特殊的执法队伍。相对水资源较为丰富的沿海城市，宁夏的水上执法队伍建设力量相对薄弱，专业化、机动化水平提升空间较大。组建一批符合黄河流域生态保护需要的专业执法队伍，是执法领域需要首先解决的问题。但同时值得注意的是，在执法队伍建设过程中，还需要积极融入跨河域、跨省域执法队伍建设，按照中央的统一部署或者地方的自我联盟，启动黄河流域生态保护行政联合执法，推进跨河段、跨省域黄河水域的全覆盖建设，确保黄河的每一滴水都有人管、有人保护、有人治理。

第三，强化行政执法技术建设。对宁夏水上执法队伍建设而言，由于历史等缘故，执法手段和技术仍然局限于常规执法，在执法高科技技术、设备引入上和国内、国际水平存在较大差距。因此，在行政执法领域，建议加大投资，主动引入高科技执法设备、技术。例如，引入实时卫星遥感信息接收和处理系统，对重点河段、敏感河段进行实时监控。

第四，引入智能水上水下侦查器、24小时无人机检测技术、黄河水域电子监控技术等，力争以科技力量推动执法的力度和质量，保证黄河安全和高质量发展。

第五，强化执法制度建设。全面推行并严格执行流域行政执法"三项制度"，实现执法制度的常态化。建立全面排查制度，实行定期巡查检查，重点巡查跟踪敏感流域，必要时建立监控检查固定站，实施全天候驻守监测检查。依托河长制平台综合协调优势，探索建立黄河河道管理联防联控组织体系和制度体系，形成"协调统一、部门联动、统筹监管、防控结合"的管理格局。同时，构建和完善行政执法与公检法机关联合协作机制。

## 三、充分发挥司法功能为黄河流域生态保护和高质量发展保驾护航

有效的黄河流域生态保护，除了需要完备的立法规则和严格执法之外，还需要充分发挥司法功能，以保证黄河流域生态和高质量发展。司法机关要在黄河流域生态保护上，充分发挥能动性司法作用，坚持在法治的框架下，创新司法体制机制建设，力争运用司法功能保护好黄河的每一滴水。

首先，推进涉河案件司法处理理念的更新。在黄河流域生态保护上，积极探索建立一套既合法又具有较强针对性的司法理念，建议树立依法从严、从快、有效保护的理念，并按照这个理念进行司法资源的科学配置，努力将上述理念融入司法实践中的实体与程序规则中，保证理念的全面贯彻执行。

其次，建设涉河案件处理绿色通道。在民事诉讼法、行政诉讼法、刑事诉讼法的框架下，开辟黄河流域生态保护司法绿色通道。建议借鉴现有特殊案件处理绿色通道经验，探索涉河案件处理绿色通道，通过这种区别于一般民事、行政、刑事案件的程序及时公正处理涉河案件，达到保护黄河和推动高质量发展的目标。同时，积极探索设立黄河生态法院，此法院的设立不仅符合黄河流域生态保护和推进高质量发展的战略要求，而且关乎黄河健康发展的千秋大计。因此，可以综合考虑黄河上中下游的功能定位、流域地市的人口、流域面积、环境等涉河案件的数量等因素，探索设立黄河生态法院。但在设立黄河生态法院过程中，要注重法院设立所在地

的平衡性、基层法院及上级法院管辖范围以及相关配套建设的问题。

再次，充分发挥检察院公益诉讼职能，重点解决黄河流域河湖管理范围内乱占、乱采、乱堆、乱建等问题。公开涉河流域公益诉讼案件线索收集渠道，强化运用检察建议手段，监督有关单位及时纠正相关行为，及时启动公益诉讼程序，提起行政公益诉讼、刑事附带民事公益诉讼，涉嫌犯罪的依法移送公安机关立案侦查。同时，充分运用环境损害鉴定手段，在开展环境公益诉讼的同步，注重被损害生态环境的生态修复工作，促进黄河流域生态保护与保障民生协调推进。

最后，构建联动合作的工作机制。一方面构建跨区划协作机制，打通流域内司法机关与公安、国土、水利、环保机关之间以及黄河上下游、左右岸、干支流各机关之间的互联互通，实现流域内信息资源共享；另一方面，构建黄河流域执行指挥系统协作机制，逐步建立一体化执行指挥体系，强化协助查询、冻结、查封、调查、文书送达等事项的协作。

## 四、大力培育全民保护黄河流域生态和推动高质量发展的法治自觉

要坚持山水林田湖草综合治理、系统治理、源头治理，统筹推进各项工作，加强协同配合，共同抓好大保护，协同推进大治理。但是抓好大保护，推进大治理，除了需要完备的立法体系、严格的执法体系、公正及时的司法体系之外，还离不开培育广泛的全民法治自觉。因此，在将黄河流域生态保护和高质量发展上升为重大国家战略这个大背景下，必须要做好对人民群众的法治引领，努力养成人人有保护黄河的法治自觉。

首先，要持之以恒抓好全社会普法工作，及时将黄河流域生态保护立法进行全面全覆盖宣传教育。其一，深入贯彻落实习近平总书记关于保护、传承、弘扬黄河文化的重要指示精神，将各类法治元素融入，打造集法治

精神和黄河文化元素为一体的普法基地，推进黄河普法阵地建设。例如，建设法治宣传专栏、法治凉亭、法治长廊等。一方面，解决人民群众对习近平总书记关于黄河流域生态保护方面的重要讲话的认知问题；另一方面，为群众传递依法保护黄河的信号，引导人民群众主动学法、守法、遵法，并学会用法来保护和治理黄河。其二，利用重大时间节点开展黄河保护主题宣传教育。例如，开展"世界水日""中国水周""宪法宣传周"等集中宣传活动，组织人员到机关、乡村、社区、学校、企业、单位深入开展"法律六进"活动，讲好黄河法治故事，传播好黄河法治声音。同时，还要加大宁夏推进生态文明建设的法治宣传力度。在运用传统宣传手段基础上，大力在新媒体宣传上下功夫。例如，利用大数据互联网的交互作用和新兴媒体，通过呈现法治类文艺作品、传播典型示范案例等进行大范围宣传。

其次，充分发挥"谁执法谁普法"制度效能。"谁执法谁普法"是我国普法领域中的一次制度创新，是普法工作的重要载体。因此，在巩固原有制度成效基础之上，进一步落实"谁执法谁普法"制度在黄河流域生态保护领域中的实践运用，推动实时普法、精准普法，让"谁执法谁普法"成为执法机关普及黄河流域生态保护法律的重要渠道和途径，让人民群众在法治实践中感受黄河法治文化。值得注意的是，黄河流域生态保护不但不能局限于就事论事，而且要通过执法案例尽可能地达到普法全覆盖，充分发挥"谁执法谁普法"制度效能，力争和其他途径的宣传教育形成合力，构成自闭体系，达到最大法治宣传面，为黄河流域生态保护法律进群众脑袋和心坎打下基础。

再次，充分挖掘黄河文化与文明中的价值规范，并与社会道德规范、社会价值规范、国家法律进行融合，进而实现社会规范之间的融合，达到无形润入教化的效果，推动全民形成保护黄河流域生态，推动高质量发展的法治自觉。

综上，运用法治保护和治理黄河流域生态，推进高质量发展，实现黄河天保护、大治理目标，推进黄河流域生态保护和高质量发展先行区建设，就必须发挥法治治理体系力量，努力为呵护"母亲河"注入有效法治力量。

# 第三节　黄河流域生态保护补偿法律制度

## 一、生态补偿的概念

国内对生态补偿概念的研究始于 20 世纪 80 年代，至今已有 40 多年的发展历史，其间生态补偿的内涵得到不断拓展。起初，《环境科学大辞典》从生态学角度将生态补偿定义为生物有机体、种群、群落或生态系统受到干扰时，所表现出来的缓和干扰、调节自身状态使生存得以维持的能力，或是生态负荷的还原能力。

而后，又有学者从环境经济学角度、环境管理角度和法学角度对生态补偿的内涵进行阐述。最后，现阶段我国学术界对生态补偿问题所持态度并不统一且缺乏一个清晰明确的概念，但各种理论对生态补偿概念的解释都具有借鉴性。

文章认为应以法学的视角对生态补偿的概念进行界定，且必须结合生态补偿的法律目的、受偿主体、补偿依据和补偿形式来综合考虑。生态补偿机制在实质上是一种社会利益补偿机制，文章支持"法益调整补偿说"的观点并认为生态补偿仅为单向补偿，也就是说生态补偿只包含正外部性补偿的受益者对生态环境的建设者和保护者进行的保护补偿。相反，有学者认为"对损害资源环境的行为进行收费，从而激励损害行为的主体减少因其行为带来的外部不经济性"也是生态补偿的一部分，但文章中认为该观点与生态补偿的本质背离，不属于生态补偿的范畴。因此，生态补偿仅指生态保护补偿，指为了维护社会公平正义，国家或生态受益者通过"政府或市场补偿的途径"，对生态系统本身的恢复、维护和修复，以及对为改善、维持或增强生态服务功能做出特别牺牲者给予经济或非经济形式的补偿，其实现进路分为政府补偿和市场补偿两种类型。

## 二、流域生态保护补偿的概念

流域生态保护补偿是指"自然资源所有者和基于流域生态环境获益的主体"对流域环境做出保护的人给予经济、技术或者其他类型的补偿，以此来维护流域生态环境更好的发展，基于此引发出关于"流域生态保护补偿对象"的两个问题：

第一，对于因地理位置或水文特点的原因自觉进行流域生态保护补偿的建设者是否应纳入流域生态保护补偿？"生态补偿的建设者"应该得到"服务的受益者"提供的补偿。首先，流域生态保护补偿的实施者是国家各级政府以及其他流域生态受益者，流域生态保护补偿的对象是"生态保护建设者"；其次，给予"生态补偿的建设者"的补偿仅限于保护流域生态的投入或丧失潜在的发展机会，因此，应该对其提供相应的补偿。

第二，对于流域上游已造成环境损害的地区给予流域下淤地区的补偿是否应纳入流域生态保护补偿？首先，水污染是一方受益一方受损的一种生态活动，受益方可以通过支付一定的生态补偿金来弥补损失，其本质是对上游已经对环境造成破坏的区域进行补偿，往往是通过征收环境与自然资源补偿费的方式进行"补偿"，看似起到了一定的补偿作用，表面上虽具有补偿的效力但其实质并非生态补偿。"该补偿实质是对上游造成负面影响后进行的'赔偿'，是在环境损失发生前或后对受损方的赔偿，是一种以损害为基础的追责方法。"

而文章中探讨的流域生态保护补偿是一种"以利益协同—利益协作—

互利双赢为基础的利益分配机制。"因此，该类"补偿"不应纳入流域生态保护补偿范围内，若再适用生态补偿制度不仅有违法理，还会造成制度的杂糅。

## 三、流域生态保护补偿的法律性质

流域生态保护补偿的法律性质主要体现在经济、行政、民事三大方面，例如，流域生态保护补偿的经济法律行为主要是政府间财政转移支付，分为"中央—地方"的纵向转移支付和"流域内不同区域"之间的横向转移支付；流域生态保护补偿的行政法律行为以行政合同为主要内容，国家与行政相对人签订流域生态保护补偿合同是政府主导补偿相对人的纵向补偿，是具有行政强制性的行政法律行为；流域生态保护补偿的民事法律行为以民事合同为主要内容，由保护人和受益人订立流域生态保护补偿协议是由各方当事人根据自己的实际意愿所作出的民事法律行为。因此，流域生态保护补偿具有经济法律行为、行政法律行为和民事法律行为的性质。

## 四、黄河流域生态保护补偿的特征

黄河作为跨行政区域分布最广的河流，流域生态保护和高质量发展是国家的重大发展战略。从黄河流域自身特性出发，其生态保护补偿呈现出以下三方面特征。

### （一）黄河流域生态保护补偿内容的复杂性

首先，从黄河流域的流域广泛性来看，黄河流域生态保护补偿不同于其他流域涉及不同的领域，包含了"上游水源涵养与保护、中游水土保持、跨省界水质量平衡、下游滩区修复等"不同生态保护补偿内容。因此，仅仅关注流域中水要素的治理是远远流域生态保护补偿是综合运用行政手段和市场手段，调节流域上下游生态保护者和生态受益者之间的利益关系，实现利益补偿和平衡，增强流域生态产品的供给能力，促进与自然和谐相处的制度安排。但这是远远不够的，还需要通过森林补偿、草原补偿、湿地补偿、耕地补偿等不同内容的补偿积极有效地进行全方位治理。

其次，从黄河流域的连通性上看，流域是"具有区域性、整体性、紧密联系的复杂系统，内部各要素相互关联，各区域相互制约"。黄河流域的生态保护补偿内容不仅只是单纯的"就水论水"，而是一项系统且综合地治理，要达到整体的生态补偿目标，必须依赖于不同区域之间空间关系、生物体功能关系以及生物体与空间之间的共同作用关系。为此，必须从黄河互联互通特性入手，努力克服自然生态系统连通的物理障碍和体制机制障碍，使整个流域的生态环境得到全面改善。

## （二）黄河流域生态保护补偿时空调整的变化性

黄河流域是一个天然的、开放的、具有边界变化的自然地貌空间体系，黄河流域的水资源是最为重要的基础资源。首先，从时间上看，黄河地区受地形和季风气候条件的影响，其年径流的变化具有很大的差别，这就会造成同一区域在不同时间段，其流域湿地存在的范围不同。最典型的案例是黄河流域甘肃段受地形和气候的影响丰水期、平水期与枯水期的流域面积存在较大差异。其次，从空间上看，黄河流经我国北方东、中、西三大区域，黄河中游水流较缓，泥沙沉积，河面不稳；黄河中、下游河床较高，河道环境更加脆弱，容易发生洪灾，如2021年洪涝灾害主要是由于天气（特大降水）导致的河道压力增大，河水漫延。因此，黄河流域生态保护补偿的范围需要随着时空变化进行调整。

### （三）黄河流域生态保护补偿省份发展的不均衡性

从黄河流域经济发展上看，"黄河流经9个省（自治区），以全国2.6%的水资源总量承载了全国12%的人口和5.3%的工业总产值，流域粮食总产量占全国的13.4%"。黄河流域的安全严重影响着沿岸居民的生活，然而长期以来，黄河流域两岸开发过度，"水资源开发利用率高达80%，远超一般流域40%的生态警戒线"。与其他流域相比，黄河流域九省区大多处于北方是贫困比较集中的区域，水资源空间分布不均与上、下游经济发展的不均成为影响流域沿岸人民生活和谐的重大隐患。从2021年上半年黄河九省GDP排名图中可以看出，黄河经济发展非常悬殊，呈现上游5省的GDP总和不及下游山东省一省的GDP。黄河流域上淤地区是生态环境相对脆弱，且处于重要生态建设地位，但其本省的财政收入对于省内生态环境补偿无异于杯水车薪。因此这种省际经济发展的不均衡就要求黄河流域的生态保护补偿必须要实现有效的省际补偿。2021年黄河9省GDP排名见图7-1。

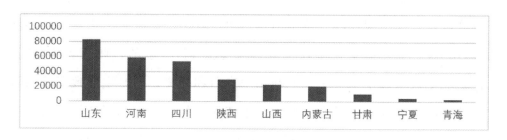

图7-1　2021年黄河9省GDP排名（亿元）

从流域内部来看各省的经济发展水平存在着较大差异，上游、中游、下游基本呈现出由低到高的阶梯形分布。位于黄河上游的甘肃省、宁夏回族自治区和青海省2021年上半年生产GDP总量分别为10 243.30亿元、4 522.31亿元、3 346.63亿元，而位于黄河下游的山东省和河南省的2021年上半年生产GDP总量分别为83 095.9亿元、58 887.41亿元，山东省地区生产总值是青海省的25倍。

这种经济发展的不均衡问题会影响到流域内要素资源的自由流动，尤其是在上中游地区，传统工业发展相对缓慢，内生动力相对薄弱，对内开放程度低，致使各流域内的要素流动逐渐向中下游发展方向倾斜，从而加剧了资源的错配，造成上游地区进行生态增益的经济能力不够，增加了经济差异，增加了省际的生态补偿协商和市场机制的不稳定性。

### （四）黄河流域省内补偿和省际补偿的双重性

黄河流域"面积 79.5 万 km²，西部河源地区平均海拔在 4 000 m 以上，常年积雪，发育冰川地貌；中部地区海拔在 1 000 ~ 2 000 m 之间，为黄土地貌，水土流失严重；东部主要由黄河冲积平原组成。黄河发源于中国青海省巴颜喀拉山脉，流经 9 个省区。"

流域生态保护补偿不仅包括省内补偿，也包括跨省补偿，其中跨省流域生态保护补偿涉及纵向（中央—地方）和横向（上中下游）政府利益诉求与利益冲突。

流域水环境是伴随着河道发展而形成的一个整体体系，具有连续性和区域分区性特征，而行政区域是通过历史、政治、经济、文化等综合要素的进行划分的，的影响，所以完整的流域通常被众多的行政区域所分割。这种状况不仅引发了水资源开发利用中竞争和冲突，同时也导致了流域水生态效益的外部性，增加了流域生态系统保护的艰巨性和复杂性。对于流域上下游之间的纠纷，要采取整体、联动、动态的方式处理各自利益关系，充分挖掘上下游的利益耦合点，充分考虑上下游的一致性。例如，青海省实施了三江源区生态补偿、渭河流域上下游横向生态保护补偿等省际补偿。

## 五、黄河流域生态保护补偿的类型

黄河流域横跨九省区，黄河流域生态保护补偿机制是中国生态保护补偿机制的一个重要部分，依据不同的技术标准可以将其划分为不同的类型。

就流域内生态保护补偿的涉及的领域而言，黄河生态保护补偿应该包含流域森林资源生态保护补偿、流域水资源生态保护补偿、流域湿地生态保护补偿、流域草地生态保护补偿。

就流域内生态保护补偿的主体而言，可分成政府主导的生态保护补偿和市场主导的生态保护补偿。财政主导的生态保护补偿具有一定的时滞性和低效性，它既是国家采用公共财政体系进行的生态补偿，也是一种政府命令控制型的生态补偿。而市场主导的生态保护补偿具有一定的主动性与积极性，它是环境法中"受益者赔偿"原则的具体体现，主要补偿手段有环境产权交易系统、环保基金、环境污染责任保险、环保产品合同补偿等。

就流域内生态保护补偿的向度而言，可分为纵向的流域生态保护补偿与横向的流域生态保护补偿。实际上，纵向的生态保护补偿实际上是政府主导为主的生态保护补偿，以中央和省级各级政府代表国家对流域生态的恢复、维护、修复所进行各种投入。横向的生态保护补偿是流域内的各区域所进行的区际生态保护补偿。主要流域上中下游之间各行政区域、企业和个人之间所进行的生态保护补偿。

就流域内生态保护补偿的基本模型而言，基于流域源头的流域生态保护补偿模式、基于流域上下游的流域生态保护补偿模式和基于流域内水资源利用的水权交易补偿模式三种主要类型。钱水苗教授指出"流域内生态保护补偿的体系建设可利用政府机制与市场二条道路进行"。在国际市场上，中国需要形成并完善的生态产权交易市场进行对上下游区域间的生态保护补偿。然而通过对流域内生态保护补偿机制的本质研究，可以发现流域生态保护补偿制度的本质主要是为了保护生态利益，基于流域内水资源利用的水权交易补偿模式由于与该制度本质不相符合应当排出流域生态保护补偿制度的范畴。

# 六、黄河流域生态保护补偿政策及法律的演进与评价

## （一）全国性黄河流域生态保护补偿的政策与立法

### 1.全国性政策

1981 年全国人大和国务院先后通过有关决议规定了义务植树，我国的生态补偿制度最初也主要适用于森林生态效益补偿领域，随后出现了以资代劳和以款代劳的"绿化费"，这是早期生态效益补偿的雏形。

2004 年以前为流域生态保护补偿制度的起步期，该时期主要进行生态补偿理论和试点设计的探讨，生态补偿主要体现为对森林的补偿，有关流域生态保护补偿的内容也仅仅集中在水土保持和涵养水源领域。

2004～2011 年为流域生态保护补偿制度的发展期。首先，该时期党的十六届五中全会发布的《中共中央关于制定国民经济和社会发展第十一个五年规划的建议》确立了"受益者补偿"。其次，河流源头保护区、主要水源地、重大水利生态恢复与整治工程以及蓄滞洪区域的生态补偿问题逐渐走进社会大众视野，并通过零碎的实践逐渐向系统的流域生态保护补偿过渡，这一时期我国的"流域生态保护补偿"还叫作"生态补偿"，相关行政法规还停留在笼统的原则性规定上，但政策具有很高的灵活性和一定的柔性，规定了"试点"等可操性强的实践，虽然政策多数属于执行性或者鼓励性的，但相比于法律政策性规定更具有可执行性，将书面的制度规定落实到实践，通过开展试点工作等具体实践措施相关政策不断丰富生态补偿制度实践。

2011 年至今为流域生态保护补偿制度的完善期，首先，该时期生态补偿制度不断健全、完善，各项政策逐步实现法律化。2011 年，第一次将"建立水生态补偿机制"作为加快水利改革发展的重要举措写入《中共中央国

务院关于加快水利改革发展的决定》之中；2021 年 5 月国家发展和改革委员会提出尽快出台《生态保护补偿条例》，也明确了"生态保护补偿"这一名称。

从近几年来我国政府出台的大量政策文件可以看出，从中央到各地都在尝试通过政策推动资源的有偿利用与生态保护补偿的完善。然而，我国现行的政策法规对流域生态补偿的具体措施和具体措施却缺乏明确的规定，如补偿主体不清、补偿方式不明、补偿标准模糊、补偿责任错位等。

### 2. 全国性立法

由于对流域生态保护补偿工作还缺乏系统完善的法律体系来规制，关于环境赔偿的相关法规、条例都散见于部门法中。随着国家对环境保护的日趋重视，生态补偿制度将由过去的原则性规定逐步程序化，不过距离体系化的客观要求还尚有一段距离。全国性黄河流域生态保护补偿的立法梳理见表 7-1。

表 7-1　全国性黄河流域生态保护补偿的立法梳理

| 文件名称 | 文件主要内容 |
| --- | --- |
| 《中华人民共和国水土保持法》（1991） | 国家加强江河源头区、饮用水水源保护区和水源涵养区水土流失的预防和治理工作，多渠道筹集资金，将水土保持生态效益补偿纳入国家建立的生态效益补偿制度 |
| 《中华人民共和国水污染防治法》（2008） | 县级以上地方人民政府应当根据保护饮用水水源的实际需要，在准保护区内采取工程措施或者建造湿地。水源涵养林等生态保护措施 |
| 《中华人民共和国环境保护法》（2014） | 国家建立，健全生态保护补偿制度 |
| 《中华人民共和国水法》（2016） | 提出了生态保护补性的基本原则、补偿标准的确定原则 |

通过上述梳理的分析可以发现，虽然有相关的法律和法规对生态保护补偿进行了明确的规定，但是，系统的流域生态补偿的法制体系还没有建立起来。第一，条文过于分散、过于原则，在涉及生态利益关系的各方权利义务、补偿内容、补偿标准、公众监督与参与、补偿纠纷、补偿责任等

方面没有明确、合理的定义；第二，我国目前还没有建立较为完备的赔偿法律制度，致使其在实施中缺少权威、赔偿责任落实力度不够、实施困难、无法实现预期的赔偿效果。

首先，从 1991 颁布的《中华人民共和国水污染防治法》到 2016 年颁布的《中华人民共和国水法》可以看出，我国生态补偿制度主要是以"水资源"为基础进行补偿的，当然我国也出台了湿地、林地、耕地、海洋等湘桂生态补偿的规则，但均未与流域生态补偿建立起有机的联系，例如湘桂地区的湿地、林地、耕地、海洋等还没有建立起一套系统的生态保护补偿制度，评价标准也只限于水资源的水质，缺乏全面、科学、全面的评价。

其次，我国在《中华人民共和国水污染防治法》中首次将水土保持生态效益补偿列入国家建立的生态效益补偿制度中，然而，越来越多的法律对生态补偿制度进行了规定。但是大多是提出应当建立和健全生态保护补偿制度的原则性规定，缺少具体且明确的具体实施方案和使用标准，从《中华人民共和国宪法》《中华人民共和国环境保护法》到其他流域生态保护补偿的相关法律均缺少实体性和程序性的规定。

## （二）地方性黄河流域生态保护补偿的政策与立法

### 1. 省际补偿的政策与立法

一些地方规范性文件对流域生态保护补偿做出了具体的程序性和实质性规定，但由于这些规定不是以上位法为依据的，因此各地区之间缺乏效力和统一性，尤其在两个相同法律位阶的文件发生冲突时，没有相关的上位法对其进行规制，就会出现因为生态保护补偿无法所依发生冲突和纠纷的现象。因此，从实施补偿的实践要求出发，流域生态保护补偿需要在相应的法律文件中进行系统规定。

其中，《内蒙古自治区重点流域断面水质污染补偿办法（试行）》规定了"在黄河17流域全面推广水权转让",生态保护补偿的本质不应包含产权交易,而地方在省级补偿的立法中却将生态补偿的范围扩大,虽然在短时间内能够高效地解决资金不足的问题,但是"资源买卖"与"激励制度"本质相去甚远,长久以往易挫伤生态保护建设者的积极性。省际补偿的政策与立法见表7-2。

表7-2　省际补偿的政策与立法

| 时间 | 文件名称 | 内容 |
|------|----------|------|
| 2010 | 《山西地表水跨界断面水质考核生态补偿专项资金管理办法》 | 明确生态补偿金主要用于水污染严重区域的水污染防治项目,以及因考核工作而进行检测检查等相关工作费用 |
| 2017 | 《内蒙古自治区重点流地断面水质污染补偿办法(试行)》 | 积极争取国家将我区的黄河流域纳入国家流域补偿范围,适时与上下游开展对口协作、产业转移、人才培训、共建园区等工作,建立补偿关系。在黄河流域全面推广水权转让。加大水土保持补偿费征收力度 |
| 2019 | 宁夏《自治区人民政府办公厅关于建立生态保护补偿机制推进自治区空间规划实施的指导意见》 | 明确补偿基准;科学选择补偿方式;合理确定补偿标准;建立联防共治机制签订补偿协议 |
| 2019 | 《河南省流域横向生态保护补偿奖励政策实施方案》 | 统筹中央、省级资金对流域生态保护补偿实践予以奖励 |
| 2020 | 陕西《健全生态补偿机制实施意见》 | 推进黄河沿线环境治理,加快实施昆明池等水系修复工程,加大澎湖、红碱淖保护力度。完善耕地保护补偿制度,对在地下水漏斗区、生态脆弱区、自然资源限制区等实施耕地轮作休耕和在重金属污染区调整种植结构的农民给予补助 |
| 2021 | 山东省《关于建立流域横向生态补偿机制的指导意见》 | 在现行纵向生态补偿体系的基础上,建立流域横向生态补偿机制 |
| 2021 | 《河南省建立黄河流域横向生态补偿机制实施方案》 | 建立黄河全流域横向生态补偿机制;推动市县建立流域上下游横向生态保护补偿机制;建立市场化、多元化横向生态补偿机制;强化黄河流域横向生态补偿数据支撑 |
| 2021 | 《甘肃省黄河流域生态保护和高质量发展规划》 | 在第十二章张大力提升民生保障和共享发展能力中提出完善生态补偿机制 |

2. 省内补偿的政策与立法

省内流域生态保护补偿机制一般是由省级政府出台相关政策,对各市县之间的权责关系进行界定,同时由省级财政部门根据流域生态环境及管理情况对补偿资金进行核算和清算，也有部分地区是市县同级政府间自行签订并履行流域生态保护补偿协议。省内补偿的政策与立法见表7-3。

表7-3 省内补偿的政策与立法

| 时间 | 省份 | 文件名称 |
|------|------|----------|
| 2010 | 陕西省 | 《陕西省渭河流域水污染补偿实施方案》 |
| 2010 | 青海省 | 《三江源生态补偿机制试行办法》 |
| 2016 | 河南省 | 《河南省三江流域水环境生态补偿办法（试行）》 |
| 2017 | 河南省 | 《河南省水环境质量生态补偿暂行办法》 |
| 2017 | 山西省 | 《山西省汾河流域生态修复与保护条例》 |
| 2019 | 内蒙古 | 《内蒙古自治区重点流域断面水质污染补偿办法（试行）》 |
| 2020 | 甘肃省 | 《甘肃省环境保护条例》 |

2007年，山东省政府出台了《关于在南水北调黄河以南段及省辖淮河流域和小清河流域开展生态补偿试点的意见》，初步形成了具有山东特色的一个目标、两项补偿原则、三条筹资渠道、四种补偿模式、五大监管体系的生态补偿机制框架。2008～2015年山东省针对大汶河和大沽河生态补偿先后出台《建立健全生态文明建设财政奖补机制实施方案》和《大沽河流域水环境质量生态补偿暂行办法》。河南省在2014年出台的《河南省水环境生态补偿暂行办法》中，又加入了有关对水环境责任目标完成较好的省市的经济奖励规定。但除了河南省对于奖励性规定略有规定外，其他条例基本上不属于实质意义上的流域生态保护补偿，只是着力于解决水污染问题，应该将其规定纳入相应省份的流域污染治理条例之中。

黄河流域部分省份走在全国生态保护补偿立法工作的前列，且取得了良好成效，为建立多层次的黄河流域生态保护补偿法律制度体系提供了经验。例如，青海省人民政府发布的《三江源生态补偿机制试行办法》、青海省人大常委会发布的《青海省生态文明建设促进条例》、甘肃省人大常委会发布的《甘肃省水土保持条例》、陕西省人大常委会发布的《陕西省水土保持条例》、陕西省人民政府发布的《陕西省渭河流域生态环境保护办法》、河南省人大常委会发布的《河南省湿地保护条例》《河南省实施〈中华人民共和国水土保持法〉办法》等，均有关于生态保护补偿的有关规定，一些地方法律对补偿标准、补偿方式、补偿对象、补偿资金使用等问题都有比较详细的规定，但缺乏如《生态保护补偿条例》等全面的上位法支持。

部分地方性法律对补偿主体、补偿对象、补偿标准、补偿方式、补偿基金的运用都做了比较详细的论述，而对综合补偿则缺乏相应的法律规范。部分地方性法规对流域的行政赔偿程序做出了明确的程序性和实体性规定，然而，由于上述条文并非基于上述位法，不同区域间缺少有效性与一致性，因此，如果两个相同未接等级的条文出现矛盾，则无相应的法规来明确，因此，在跨省流域的补偿过程中往往会产生矛盾，从而损害了整个社会的和谐。因此，"从实施补偿的实际要求出发，需要在相应的法律文件中对流域生态保护补偿进行系统规定。"例如，陕西省从政策上，就很明显地将社会资本引入到生态保护的建设之中，并逐渐建立起了生态环境的损害赔偿体系，在健全生态补偿机制的实施中，纳入"生态损害赔偿制度"尤为不合理。例如，陕西省《健全生态补偿机制实施意见》中上淤地区如果水质不达标应该向下淤地区给予经济补偿的建议，这显然是一种污染治理责任制度，与"对受益人的赔偿原则"不符，因此不能列入本书所界定的流域生态保护补偿范畴。

# 七、黄河流域生态保护补偿存在的问题

## （一）黄河流域生态保护补偿法律体系存在的问题

### 1.黄河流域生态保护补偿定义不明

（1）生态保护补偿与生态赔偿界限不清。

目前，黄河流域补偿项目大多以流域跨界断面水质目标的好坏为补偿标准，并且在目前的有关对黄河流域生态保护补偿项目的法律条款中，基本是以上淤地区到达下游省份的水体能否超过国家规划标准为补偿的基础，并按照超标的污染浓度进行补偿。这并非真正意义上的流域生态保护补偿，反而更加接近于污染赔偿，原因在于其并没有真正体现受益者责任的原则。

（2）生态保护补偿与经济扶贫界限不清。

目前实践中出现强调由下淤地区对上淤地区补偿而忽略上淤地区对下淤地区补偿的倾向，原因在于：其一，流域上下淤地区经济实力的差距导致了补偿能力的差距，我国发达地区一般分布在黄河下游和沿海地区，落后贫困地区分布在江河源头地区和内陆地区；其二，上淤地区对下淤地区的影响明显，而下淤地区对上淤地区几乎不产生影响。

这凸显下淤地方需要及时向上淤地方补偿的紧迫性，从而更容易获致社会公众的支持。国家层面给予的生态保护补偿经济政策时常与"扶贫"界限不清，以解决生态环境问题为主要目的的生态保护补偿项目在实践中易演变成以解决贫富差距问题为目的的扶贫项目，这将可能产生鼓励生态破坏的负面效应，并且挫伤生态建设者的积极性。混淆生态补偿与扶贫的区别有悖于流域生态补偿制度的公正要求，不利于约束上淤地区的消极贡献。

（3）生态保护补偿与产权交易界限不清。

自水权交易模式在浙江省东阳—义乌地区施行以来，全国各地都尝试将水权交易纳入生态保护补偿实践以达到拓宽补偿资金渠道的作用。第一，上游的水是属于全流域的，遵循其自然流动规律，而不能人为的去设置自然资源交易所得费用用于补偿。二是水权买卖是为了矫正政府的调水费用，而非以生态保护补偿为激励。由于黄河地区的经济发展，大部分的水利项目都是通过政府出资兴建的，而水权的交易实质上是资源的交易，并不适用于黄河流域的生态保护补偿。

2.黄河流域生态保护补偿法律体系不健全

（1）全国性政策与立法存在的问题。

首先，我国流域生态保护补偿全国层面政策缺少具体且明确的具体实施方案和使用标准，例如，2020年《关于开展生态保护补偿试点工作的指导意见》和2020年财政部、生态环境部、水利部、国家林草局联合印发的《支持引导黄河全流域建立横向生态保护补偿机制生态保护补偿机制试点实施方案》，其目标为通过建立黄河流域生态保护补偿机制逐步实现全流域生态环境保护，重点是支持引导建立生态保护补偿机制与方案，但均没有涉及生态保护补偿机制的具体实施方案和使用标准。

其次，由于政策性观念过于注重实践效力和运行机制，反而对生态保护补偿的法理学基础缺少界清，因此导致生态保护补偿的概念在行政法规及政策性文件中存在概念混用，相互矛盾的情况。这在后期的全流域综合治理中必然会给统一协调的工作带来不少阻碍。比如，2005年《国务院关于落实科学发展观加强环境保护的决定》规定"上游省份污染造成下游省份污染事故，上游省级人民政府应当承担赔付补偿责任"，其未能清晰地界定流域生态保护补偿和流域生态赔偿的概念区别，存在概念的混用问题。

最后，这些政策法规设计的基本出发点是特定的生态要素或者特定的生态目标，例如天然林保护和退耕还林工程等，但是这些立法主体一般具有部门色彩，在不同类别的具体生态保护补偿上易存在协作不畅。例如，2016年以前的流域生态保护补偿主要是由国务院办公厅、国家环境保护总局、国家林业局、水利部等部门单独根据具体的生态要素或者特定的生态目标进行执行或管理，但由于在试点中单独治理模式的效果甚微和综合治理模式的初现雏形，2016年，财政部、原环保部、发展改革委、水利部联合印发了《关于加快建立流域上下游横向生态保护补偿机制的指导意见》，自此，我国流域生态保护补偿逐步实现跨省补偿。

（2）地方性政策与立法存在的问题。

首先，我国黄河跨界生态补偿机制存在着一定的缺陷。我国《宪法》第十条和第十三条仅对合法取得的土地及私人财产进行了赔偿，但《宪法》中并未确认"生态补偿"的地位。我国目前虽已基本形成了完善的环境法律体系，但有关"生态补偿"的相关规定仍散见于多部法律法规中，尚未形成系统化、系统化的制度。目前，我国已出台了大量的生态补偿政策和法律法规，但尚不够规范，缺乏健全的制度和法制，亟须建立一个完善的生态补偿机制法律保障体系。

其次，我国生态补偿还没有全国统一的立法，有关生态补偿的法律、法规相互之间不成体系，甚至在部分领域存在规制空白。虽然各地根据国家有关法规，制定并颁布了相应的实施办法、细则及地方性法规，但由于现有生态补偿立法比较零散、不全面，缺乏系统而明确的法律原则、法律基本制度和补偿措施的规定，甚至不同法律法规之间相互冲突，没有形成统一、规范的生态补偿法律体系，无法满足新形势下生态建设、环境保护的实际需要。

### （二）黄河流域生态保护补偿制度内容存在的问题

#### 1. 黄河流域生态保护补偿方式单一

目前，中国生态保护补偿资金主要由中央政府主导提供，各地财政进行生态保护补偿的政府资金相对有限，且社会资金占总比例较低，生态保护补偿融资途径也相对较为狭窄，而目前中国的碳排放权交易的市场化的补偿手段也尚不完善。在生态建设补偿资金运用方面，由于专款专用制度长期未能执行。生态保护补偿项目的投资效益存在着突出的公益性、高风险、不完善的问题，面对不完善的市场化融资体制，加之缺乏政策激励机制与政府保障，生态保护补偿项目很难得到市场资金的有效支持。

虽然纵向转移资金对黄河重点生态功能区进行了一定的扶持，沿黄河流域内的县级市数目较多，但只有少数几个县进行了补偿，从总体上讲，其影响程度远远不能满足黄河地区生态修复和环保工作的需要。对于既未包含在该功能区补偿范围，却承担着重要的生态环境保护职责的地区，其发展情况和环境问题日益凸显，必须从整体上加以考虑，并在一定程度上扩大补偿范围。如果以对黄河流域干支流进行保护为基础讨论，还有很多支流没有纳入补偿范围之内，而且对干流有效地保护范围也非常狭窄。

2. 黄河流域生态保护补偿资金缺陷明显

（1）生态保护补偿资金来源不足。

黄河流域跨界生态保护补偿机制在标准制定和资金规则等方面都存在争议，在建设思路和路径上无法达成一致。黄河流域生态保护补偿机制缺乏多样性，资金来源和补偿方式单一。缺乏社会资本投资，没有价格形成机制，财政转移支付和相关税收政策成为生态保护补偿模式的主要手段。

（2）生态保护补偿资金分配不当。

通过查询各个县级人民政府信息公开网上公开的 2020 年国家重点生态功能区转移支付（流域生态保护补偿金）分配情况表情况，发现我国目前基层的流域生态保护补偿金使用方向主要分为两个类型生态保护和环境监测，其中生态保护站资金使用方向的 90% 以上，虽然各区县情况各异，但生态保护方向下的资金用途却呈现同一化的趋势，基本都用于污水处理改造，这在流域生态保护补偿中成为每个区县必不可少的任务。而生态补偿的资金使用绝不仅仅是用于改造排污基础设施上，更应当将其适用于能调动生态建设者积极性的领域。

（3）生态保护补偿资金标准模糊。

首先，我国对黄河流域的重要水功能区实施生态保护补偿，通常按照对生态环境保护所投入的直接成本和机会成本进行评价，但主要针对水量或水质的某一方面损失，而不能按照流域生态服务功能价值来测算生态保护补偿标准，从而导致补偿标准过低且科学性欠缺。信息不对称是政府补偿方式中最为突出的问题。政府很难掌握每块土地转为生态用地的机会成本，单一的支付标准常常与补偿的机会成本不对等，政府支付水平远高于农民机会成本。

其次，在生态环境中，各个区域的角色也会有很大的差异，单一的补偿标准并不能反映出区域间的生态服务价值差异，统一的标准却无法反映出公平性。例如国家级生态补偿项目只是根据地理位置制定了两个稍有差别的补偿标准。

## （三）黄河流域生态保护补偿管理机制存在的问题

### 1. 黄河流域生态保护补偿管理体制碎片化

当前，黄河流域生态保护补偿管理机制还面临着横向管理机制不完善的问题，尤其是缺乏跨省、跨流域地区、跨行业的统筹管理机制，无法有效合理地处理跨省、跨上下游、跨领域的生态环境补偿问题，在现行的管理机制下有不少利益关联未能得以理顺，各地区有关主体之间的职责划分也不明，还存在地区单打独斗和以局部经济发展需求为先等问题。长期以来，黄河流域的生态环境管理一直是由行政区划决定的，而非以黄河的生态环境承载能力为制约因素。

黄河流域九省区"分河段"的生态环境治理模式尽管能够调动当地的生产积极性，但却导致了黄河生态环境治理的碎片化，也没有流域环境治理综合监管制度。

黄河流域实施属地管辖，闭合型地方政府只对辖区内的生态环境治理负责，极易产生各司其职的问题，从而出现了区域保护主义。由于黄河水利委员会是中国水利部的派驻机关，其性质是事业单位财务管理而非国家行政机关，其工作领域也只是按照国家有关法规和水利部授权的监管职能范围。

在封闭型的区域管理体制导致各司其职的情况下，由于没有权威性和聚合力，并且副部级的行政级别远小于黄河文化地区各省区政府的行政级别，因此调整各市、区政府或调整原各市、区政府的职能设置的困难很大。黄河水利委员会在黄河生态保护补偿区域的行政协调管理中难以获得足够话语权，容易产生主导无力、协调不顺畅、管理乏力等一系列问题，长期处于"指导不领导、监督不干扰、协办不取代"的两难状态下，其统筹领导与协调管理的职责也无法有效实现。

黄河流域机构管理和地方行政区政府管理职能的界定不清，黄河管理工作职能碎片化容易造成各个行政部门间职权与利益之间的相互对抗，以及推诿责任、不作为等问题。

加之，目前缺少可执行性的跨界流域内生态建设补偿制度，致使黄河流域内生态建设补贴和自然环境方面的连接关联还不能充分地构建出来。相关者在流域管理中的利益并不统一，造成了流域生态保护补偿政策无法有效执行。同时因为尚未形成统一的补偿平台，纷繁复杂的赔偿利益关系也无法厘清，环保账、经济账都无法算清，对补偿的财务事权归属也一直模糊不清，致使黄河流域生态保护补偿机制的落实受限。

### 2. 黄河流域生态保护补偿商机制流于形式

我国从2010年至今省际生态保护补偿实践如表7-4所示，其中文章选取了中上游甘肃与陕西跨省流域横向生态保护补偿实践和中下游河南与山东跨省对赌协议生态保护补偿实践作为代表进行分析。

黄河流域下游各地并不是直接沟通协作，尽管有部分地区已积极开展了省际生态保护补偿的协作，但由于具体的省际生态保护补偿主要靠两省视具体情况商定，且横向性生态保护补偿合作协定的具体条款难以形成，因此补助方案中对利益相关者权益的充分考虑程度还需要进一步提高。

表 7-4　省际流域生态保护补偿实践梳理

| 时间 | 省份 | 补偿地区 | 依据文件名称 |
|---|---|---|---|
| 2010 | 河南 | 长江、淮河、黄河、海河河南段 | 《关于在南水北调黄河以南段及省辖淮河流域和小青河流域开展生态补偿试点工作的意见》 |
| 2010 | 山西 | 省内主要河流 | 《山西省人民政府办公厅关于实行地表水跨界断面水质考核生态补偿机制的通知》 |
| 2010 | 陕西 | 渭河流域 | 《陕西省渭河流域水污染补偿实施方案》 |
| 2016 | 河南 | 岷江、沱江、嘉陵江 | 《河南省"三江"流域水环境生态补偿办法（试行）》 |
| 2020 | 甘肃 | 黑河流域 | 《关于加快推进祁连山地区黑河石羊河流域上下游横向生态保护补偿试点的通知》 |

　　流域生态保护补偿和空间发展协同不够，没有建立"全面覆盖、权责对等、共建共享"的流域生态保护补偿平台。黄河流域是我国重要的经济地带，但黄河流域各省的经济发展水平差距较大，发展不均衡、不充分，经济发达的下游与经济落后的上游利益取向差异较大，导致协调困难。环境治理和维护所需投资的政府支出责任一直落实在上中淤地区，由于没有合作管理、共建共享的内部动力机制和公开有效的利益沟通机制，不利于调动全国各地对环境治理的意识，使本就发展相对滞后的上中淤地区，更由于限制开发而雪上加霜。

　　在没有激励机制的前提下，各地政府更偏向于盲目发展，追求区域内经济发展最大化，而在缺少更高一级政府的引导下，地方政府间缺乏有效、畅通的沟通协商渠道，各方的生态保护责任不能更好界定与衔接，造成九个省份之间的行政协作难以实现保护责任共同承担、环境保护共治的整体目的。市场的生态保护补偿包括排污权交易，排污权交易指如果企业主体需要排出污染，就必须买断排污权，其实质上是企业为污染承担成本，这也有利于企业为了降低生产成本而增强处理废水的积极性，从而降低对流域内水体环境的污染。

## （四）黄河流域横向生态保护补偿中政府职能存在的问题

### 1. 政府主导的补偿比重过大

黄河流域生态补偿实践包括政府补偿与市场补偿两种补偿模式，其中政府补偿模式包括对流域生态环境进行修复、建设和保护。根据黄河流域生态补偿方式的不同，政府可分为资金补偿、项目补偿、政策补偿、人才补偿和技术补偿，其中，前三类是最常见的补偿方式，也是文章研究的重点。财政补偿主要包括财政转移支付和生态补偿专项资金；项目补偿是指政府聘请第三方机构进行黄河流域的生态环境治理和修复；政策补偿的目的在于鼓励市场主体、公众和社会组织积极参与到流域生态环境保护中来，并实施一些具有倾向性的优惠政策，如鼓励企业减少工业废水排放，给予企业减税。

从整体上讲，我国的流域生态环境保护措施以政府为主导，而对其进行市场补偿的效果并不显著，财政转移可以保证资金的按时到达，但是不能对其进行有效的生态保护补偿，这就造成了缺乏相关的奖励。虽然黄河各省在排污权交易上做了一些有益的尝试，但至今还处在摸索的状态，还没有在全国推广开来。

其次，政府主导补偿比重过大造成了流域生态补偿的不确定性和不完全性，限制了流域生态补偿制度作用的充分发挥。黄河流域政府主导色彩过于浓重，这样不仅减少了政府企业、社会团体和公民参与管理的空间，在这样的管理架构下，非政府机构力量也无法起到关键性作用，而地方政府部门则仅靠自身之力也无法实现在众多领域的全面兼顾。黄河生态环境治理结构性的复杂与行政中心管理方式的单一存在着矛盾，黄河流域的"官僚制"现象和科层化管理导致了其权力主要有地方行政机关行使，而企业、社会组织、公民等市场主体的权利并未得到充分的发挥。黄锡生教授认为一方面，政府对环境、水利、林业、农村等领域的投资不仅无法保证其投资的目的，也很难实现政府预期的效果，而且很容易出现在政府的决策失误；另一方面，市场化的资源分配模式已经成为当今世界最高效的资源分配模式，而在流域的生态保护补偿体系中，市场的缺失明显地阻碍了资源的高效分配，也无法实现"激励相容"的水资源治理体制的构建。

### 2.财政转移支付使用效率低

横向转移是为推动区域和区域之间的交流合作与共同发展，由同一级别经济发展程度不同的县级政府间进行的财政资金转移。纵向转移支付是垂直转移，指中央和流域各级人民政府将财政拨款用于地方人民政府治理黄河流域生态环境。财政转移支付制度不仅为当地人民政府实施的生态保护补偿提供了财力保障，还补偿了生态保护投资和生态保护造成的财政损失。在制度建设方面，纵向转移支付更倾向于政府的行政管理，而不是环境服务者和付款人的权利，无论是付款人或受益人，对其所享有的环境权益和责任均知之甚少，且出资一方并不知道其所取得的实际成本，而接受该款项的一方也并未知道其所取得的具体利益。

同时，通过财政转移支付还可能造成政府资金运用效益低下、部门之间的二次分割现象严重，以及基层群众收益无法获得有效保障等隐患。政府所实施的生态保护补偿项目有着相对完善的计划安排以及充足的资金投入保障相关政策措施，导致生态保护补偿效果可以在比较短的时期内展现效果，只是在项目完成后易产生效益或难以为继的现象。

# 八、黄河流域生态保护补偿实践问题的解决对策

## （一）完善黄河流域生态保护补偿法律体系

### 1.明晰黄河流域生态保护补偿的范围

（1）区分不同概念。

首先，生态保护补偿的范围，仅指真正外部性补偿的受益者对生态环境的建设者和保护者所进行的保护赔偿。因此，生态赔偿和生态损害补偿不属于生态保护补偿范围，应在制度中予以明确。郭武教授认为生态赔偿和生态保护补偿最大的不同之处就在于：一是性质不同，生态赔偿原则是指按照"权益协同—权益协作—权益协同"的思想所实施的社会利益激励机制，而生态损害赔偿原则只是一个责任追究方案；二是由于法律依据的不同，生态赔偿原则必须经过专门立法或专门的地方规定，而生态损害赔偿基于民事诉讼法律；三是"与主体责任不同，环境赔偿可以由政府部门作为公共利益最大化的代表人履行赔偿主体职责，但在出现环境要素财产损失的情况下，环境损害赔偿的责任主体就必须按照'行政部门—环保组织—检察机关'的序位予以理赔"。生态保护补偿制度主要发力于对上下淤地区的资源补偿，但是并没有充分考虑下游环境污染对上下游相互联系的处理。

所以把流域中下游对于上游对于源头保护的财政补偿视为重中之重才是更为恰当的。

（2）将水权交易予以剥离。

"从某种程度上来说，在下游购买上的水权其实是下游对上游自然资源环境的生态赔偿。"张掖的水权交易实现了水资源配置的帕累托优化。通过市场盘活了水源和进行水权转让，运用市场优化配置水资源，所得的经济

利益的补偿。水资源权交换指上淤地区因为对下游自然资源保护而付出了劳动，给下淤地区带来了丰富而优良的自然资源，这时下淤地区要给上淤地区补偿，这实质上是以市场交换的手段，来进行对自然资源的有偿利用。

经济学专家盛洪曾认为"卖水权的一方是否有这样的权利都要打个问号，其实是他自己给自己一个水权的授权。"流域生态保护补偿制度的本质是为了保护生态利益，而水权交易补偿模式与该制度本质不相符合，因此，应当从流域生态保护补偿制度之内予以剥离。

（3）区分生态保护补偿制度与扶贫制度。

界清生态保护补偿制度的资金管理与扶贫资金。通过近几年的实施和发展，生态保护补偿的概念内涵已经不再仅限于简单的项目建设和强制管理，虽然生态保护补偿是对上淤地区的激励行为，与扶贫在一定程度上具有联系，但存在本质区别，所以对于将生态保护补偿成为未来乡村振兴的重要经济驱动的做法文章持否定态度，认为应当将两者予以界清。

### 2. 健全黄河流域生态保护补偿法律体系

（1）在宪法中确认生态保护补偿制度。

《中华人民共和国宪法》作为我国的基本大法和其他法律的规定根据，应当在《中华人民共和国宪法》中确认生态保护补偿制度，明确受益者补偿和单向补偿原则，由此，下位法中有关生态保护补偿的条款才有上位法的依据。同时，法律中对于生态保护补偿的规范也能够在对下位阶的立法中，对于生态保护补偿机制的具体制定、运用及其解释，具有相当重要的法律宏观指导意义。

（2）尽快制定生态保护补偿专项规定。

我国应尽早出台关于建设流域内生态保护补偿制度的指导方针与措施，进行关于建立生态保护补偿制度的国家立法调研，并制定流域内生态保护补偿规范。在科学论证和试验区实施的情况下，进行的生态保护补偿立法。

加快制定《生态保护补偿条例》对跨省流域中，赔偿原则上、适用领域、赔偿适用范围、赔偿主要对象、资金、赔偿技术标准、有关受益主体的权益意义、绩效评价方式、责任追究措施等方面进行明确规定。明确省际生态保护补偿必须以生态效益为生态保护补偿依据的基本原则，认真处理跨省流域生态保护补偿无依据的问题，以权威的机制手段明确补偿职责、调节补偿纠纷、促进补偿实施。

### （二）完善黄河流域生态保护补偿制度内容

#### 1.增加黄河流域生态保护补偿方式

引导有要求的地方政府创新探索多元化补偿办法，把流域水系内生态补贴和绿色发展紧密联系在一起。借鉴新安江流域生态保护补偿的实践经验，运用产业协作、对口援助、共建园区、人才合作等资金补偿以外的"造血型"补偿方式；积极引导在有条件的地方以补偿资金形式引导和撬动社会资金，并根据流域地区特色寻找与水生态保护相关的绿色经济新增长点，并进行了水生态产品价格试点等。

（1）资金补偿。

黄河沿岸大约涉及了66座城市、340个区县，由中央直接领导的黄河环境补偿方式采用了一般性转移支付的办法，并采取分档补偿的办法对部分区县进行补偿，不但考虑了各区域的环境情况，而且还综合考量了地方的财力状况和贫困情况等各种因素。流域上中淤地带作为流域的主要起源地，为维持饮用水的清洁，通常把具有重要生态战略意义的地区分割成限定发展区域和严禁发展区域。近几年来，由于严禁发展区域已经牺牲了巨大的经济发展机会来维持饮用水，所以各地区都需要以中央财政转移资金支持的办法实现对这些区域的生态保护补偿。

（2）项目补偿。

近些年来，我国政府已经逐步加大某些生态保护补偿建设项目的资金投入，例如在国家最近出台的主体功能区规划中，就根据黄河流域生态地位、治理能力和环境保护特点确定了黄河流域沿线的 7 个国家重点生态功能区，主要集中在中上淤地区。《全国重点生态功能区划（修编版）》中规定，以甘南地区水源涵养重点区、三江源水源涵养区域、生物多样性保护区、黄土高原水土保持重点区域为全国 12 个重点生态建设功能区。黄河上游需要致力于水源涵养功能的培育，中淤地区流经产沙输沙高峰区的黄土高原，主要治理任务在于水土流失的防治，下淤地区则由于中游的泥沙沉积，需要化解地上悬河带来的威胁，以促进防洪调蓄、生态恢复。

（3）政策补偿。

我国对黄河流域的重要水功能区实施生态保护补偿，通常按照对生态环境保护所投入的直接成本和机会成本进行评估，受补偿者在授权的权限内，利用制定政策的优先权和优惠待遇，制定一系列创新性的政策，促进发展并筹集资金。利用制度资源和政策资源进行补偿是十分重要，尤其是在资金十分贫乏，经济十分薄弱情形中更为重要。

2. 合理分配黄河流域生态保护补偿资金

（1）明确黄河流域生态保护补偿资金流向。

生态保护补偿资金既存在未按时拨付的问题，也有混淆补偿金使用的问题。生态保护补偿资金仅限于激励对流域进行生态保护的行为，而不得用作其他非经济目的，如对流域的污染防治。由于赔偿资金的使用性质不明，致使实际中的补偿资金存在挤占、挪用、他用甚至是违法的情况。生态保护补偿的资金不应当大比重应用于污染治理，生态保护补偿应当是对正向行为进行激励的制度，而非防堵式的治理污染的行为，所以应当督促相关部门正视生态保护补偿制度的本质，明确黄河流域生态保护补偿资金流向，使之用于增益行为。

（2）设立黄河流域生态保护补偿专项资金。

现行的水源区土地利用方式存在着连续时间较短的问题，既不能保证长久地保护生态环境，也不能激发农民和企业长久地保持水源区的水环境质量。设立生态保护补偿专用资金，可以对水源区的生态进行持续的补偿。在专项资金的来源上，一方面要依靠政府的财政收入，另一方面要建立起生态环境税体系，这是一种特殊的经济资源。生态税收是利用经济激励手段，向对生态环境造成直接影响的组织和个人征收的税费。同时，通过将生态费用的内化，将生态效益投入到企业的生产经营中，对破坏生态的经济活动起到遏制和遏制作用，矫正社会资源的外部性问题，从而达到优化资源配置的目的。

## （三）明晰黄河流域生态保护补偿管理机制

### 1.建立协同治理模式

（1）树立协同治理理念。

黄河流域的生态保护补偿区域政府间合作治理是一种涉及纵向、横向的受竞争和协商动力支配的对等权力的竞合关系。

协同管理是黄河流域地区生态环境保护和经济高质量发展的最普遍形式，通过实施协同管理可以突破碎片化管理困局，增强各省管理主体的协同意识，推动黄河流域相关管理部门的职能协调。黄河流域各地要形成良好社会协调机制和信息共享机制，形成"共建、共治、共享"的黄河生态环境保护体系与高质量发展的社会协调管理体制。建立与健全地区综合协调环境治理框架后，要根据全新的地区发展理念，遵循"综合整治、体系整治与发展源头整治"理念，按照黄河不同地区的不同特征，统筹考虑上下游、地区内外关系，统筹协调黄河流域的生态环境基础设施建设与环境保护工程。

流域内各方权益相互交织、流域内水质环境治理综合治理的重要意义也越来越突出。从单一地关注河道水资源功能转化为统筹管理整条流域，从关注单纯的流域生态功能转化为协调流域整体功能，以加强与流域环境保护和流域内经济发展的内在联系，所以必须重视大局意识，强调综合治理。

（2）转变流域管理机制。

从黄河流域的传统行政体制向基于治理的体制转变，需要明确流域和行政区的管理责任，确定治理的范围和需要的经费。"突破以部门为界，以行政区划为界的分割经营方式，根据生态环境的需求，制定出一套协调的经营方式，并投入相应的投资。""黄河水利部在黄河地区实施的区域生态和环境保护工作中，具有领导、协调、引导、监督等特殊功能，黄河水利部是黄河地区各级人民政府在黄河流域的生态保护补偿中，开展协调工作的重要平台。"明确黄河水利部在黄河生态保护补偿区域内行政协调管理中的职能权限是关键，促进其职责的有效发挥和权限的合理行使，才能做到统一领导和协调管理。

2. 加强流域补偿协议谈判

因为黄河流域内各个支流的差异较大，短期内可能无法在全省实施，在全国性的生态保护补偿规范出台以前，要先根据上下游情况对黄河流域水供求状况进行谈判，双方签订补偿合同，并建立相应的约束性规定，以确保国家对黄河流域的保障与补偿政策的落实。协商制度的作用在于提供协商平台，制定协商标准，规范协商活动，从而增强协商的有效性。构建黄河生态保护补偿地区协作治理的组织与协作体系，有利于黄河流域综合开发利用的协调平台作用。不同于流域科层治理，它是通过上级或上级政府的直接指挥和命令来实现控制式治理的实施，而在流域政府的协同管理中，更注重于各利益方的平等参与、相互博弈，采取平等参与、意见充分表达、对话磋商、谈判博弈方式探讨一般性事务，并寻求利益冲突的和解平衡，从而建立利益共识。"完善黄河水利建设项目的协商、制定违反黄河水资源管理条例的处罚措施，充分发挥黄河流域的资源优势，促进有效的协商达成一致、增强协商等。"

（1）甘肃与陕西跨省流域横向生态保护补偿。

渭河为黄河最大的支流，水资源短缺，水质恶化，水生态环境脆弱。渭水流域主要流经中国甘肃省天水市等四市，其中以甘肃省定西市为其源头，渭南市潼关县是其与黄河流域的汇集点，渭水黄河流域地区虽然是陕西省的重点经济带，但环境问题却伴随着经济社会的快速发展而来。2012年，陕西、甘肃两省"六市一区"联合签署《渭河流域环境保护城市联盟框架协议》形成了环境城市建设合作体系和联席会议机制，同时陕西省与天水市、定西市人民政府共同保护签署了生态保护补偿合同，作为黄河流域最大的主要支流，陕甘渭水流域地区横向生态保护补偿项目成为黄河流域第一例省际补偿试点案例，对于充分调动下游企业的协同环境治理积极性，推动黄河流域环境发展有着重要意义，也为黄河建设干流综合治理体系打下了基础。该补贴办法虽然有横向转移支付的优点，但却不能实现规范化，也缺乏一定的约束制度。上下淤地区之间只能靠协商议定。而且，因为陕甘两省经济基本处于欠发达地带。陕西省也只是有限的补助资金提供力量，而甘肃省自身生态环境的保护力量也薄弱，在缺乏有效引导措施之下，发展可持续性不足。2015年以后，补贴工作不再继续进行，这也是中国其他地方政府开展跨省补助工作的重要经验，同时也是中央和沿黄各地地方人民政府需要汲取的深刻教训。

（2）河南与山东跨省协议。

为促进黄河干流跨省界水质改善，山东省和河南省日前签署了《黄河流域（豫鲁段）横向生态保护补偿协议》。该项目在2021～2022年度内，在河南省和山东省的黄河豫鲁流域内进行。按照协议约定，对河南省与山东省长江干流跨省界截面（刘庄国控截面）在 2020 年和 2021 年的水体年平均，包括生化需氧量、氨氮含量、总磷三个重点污染物的平均含量值进行综合考核。在水体基本补贴方面，如果水体数量全年平均超过Ⅲ类要求的不再相互补偿；对水质改善达到三级标准的，山东省给予河南省 6 000 万元的补偿资金；对水质恶化达到三级标准的，河南省给予山东省 6 000 万元的补偿资金。以明晰地方各级人民政府及其各级环境监督管理机关之间的责权，明确地方政府与各环保主管部门的职责，探索跨地区的合作，逐渐打破行政区划界限，实现各方最大的利益，是黄河治理的重中之重。

在黄河流域自然资源环境保护管理工作中，碎片化项目管理方法和黄河流域整体的自然资源本质间的冲突，使得各区域政府部门在落实中央优惠政策时，一度存在只顾自己单兵战斗，或者互相不协调的现象。"就黄河生态环境而言，山东、河南及其他省市而言，通过协定方式达到生态保护补偿的目的，既要兼顾各省的具体情况，又要建立起一种高效的生态保护协调与协调体系。"

3. 监管机构

跨区域的生态保护补偿，必须设立相应的管理部门，黄河委员会是黄河地区监测和治理的主体，因此，在黄委会内部设立一个相关的地方政府是最有效的途径。例如，在黄河流域的主管机关设立了黄河流域的生态补偿协调委员会，负责拟订生态补偿方案和组织有关省际的磋商、协调工作，要实现"权力统一、标准统一、共享监管信息、整合监管力量等途径"。黄河生态保护补偿地区的行政协作治理必须解决黄河生态保护体制中存在的"零散"现象，建立全国联合协调的监管体制，以增强监管的公平性，达到监管效果，要切实有效预防黄河流域生态保护补偿与协调管理中存在的权力回避和懈怠的现象。建立并完善业绩评价体系，不仅要考察当地流域生态环境的治理成效，更要考察其对周边地区、流域生态环境的影响，要把绩效考评同奖赏、惩戒、负责研究等紧密结合起来，加强对当地黄河流域生态保护与协调管理的内部驱动力。

## （四）扩大黄河流域生态保护补偿市场配比

### 1. 推动政府职能转型

转变地方政府职能是构建准社会主义市场经济制度中的关键问题，在完善地方公共财政体系、调节和改善地方财政支出结构等方面，应强化财政转移支付方式的生态建设补贴制度。在省财政对县的经济补助中，应增加地方生态建设补贴。并按照地方生态功能区构建的需要，研究完善地方生态化环境保护管理制度。根据完善生态保护补偿机制的需要，政府逐步调整和完善地方财政支出结构。市、县级政府财政部门也要加强对生态保护补偿和生态环保建设的扶持力度。环境资源的合理配置与运用，要以经济欠发达区域、重点环境功能区、重要水源地和保护区为重，特别要优先扶持生态环境保护成效突出的地方和流域重点环境保护建设项目。

### 2. 探索市场化生态保护补偿模式

党的十九大公报指出"做好生态保护，提出形成市场主义、多样性的生态保护补偿机制。"积极引导经济社会各方投入到环境保护工作事业和生态建设中来，进一步发挥体制机理、排污权交易制度等市场化经济生态建设补贴管理模式的优越性。根据主要流域和地区，科学合理编制自然资源配置计划，进一步健全对自然资源的有偿利用机制，指导和激励生态保护者和受益人经过政府自主协调，进行科学合理的生态建设补偿。积极引进国内外资本投入生态建设、环境保护工作事业和资源开发利用，逐步形成政府指导、企业推动、社会公众积极参与的生态建设补偿方式和生态化工程建设投融资管理机制。根据"谁参与、谁收益"的原则上，积极鼓励和指导社会资金投向绿色能源产业。积极争取利用政府国债资金、开发国家贷款，重点扶持国家水源区生态化保护建设项目，例如饮用水资源保护区、自然保护区、国家森林与生物多样性自然保护区。1996 年 9 月，国务院批准了《环境保护"九五"期间全国主要污染物排放总量控制计划》，该计划作为国家环境保护"九五"计划和 2010 年《"九五"期间全国主要污染物排放总量控制计划》计划和 2010 年远景目标的附件。而后 1988 年，国家环保局提出了通过申请登记的方式发放水污染物的排污许可证，中国的排污权交易机制就是在这两项机制的基础上建立的。

目前，有关排污许可的立法相对落后，但尚未制定出与之配套的法规。目前，中国的污水排放许可交易制度在北京环境交易所、上海能源环境交易所和天津排放权交易所等一些环境问题比较严重的地区得到了实施。例如，山西省在全国范围内建立了排污许可制度的整体框架，建立了跨区域、跨介质、跨行业的排污许可证制度；西安陕西省排污权交易中心司于 2010 年 6 月 5 日正式挂牌。

### 3. 突出市场主导作用

实现经济社会功能的最大途径是通过支付的方式实现生态环境的经济利益。生态保护补偿是通过"有偿"的形式来达到的，在生态环境保护的生态补偿方面，通过设立水权、准市场化的方式、利用利益的补偿机制、通过利用生态标志的方式提高资源的价值来实现对个体的经济补偿。

在对流域的生态效益进行补偿时，可以利用生态标识、绿色标志等方式提高资源利用的产品附加值，实现对个体的经济补偿。生态标识是对生态环保的商品的标识，如生态食品、有机食品、绿色食品的标识和营销。绿色标志是对环境友好的商品进行标识，绿色标志应当蕴含在包括生态种植、有机食品、健康食品的识别和市场营销的全过程当中。通过对商品进行生态性的识别，可以体现出其对环境的经济增值作用，从而体现出其总体的生态环保效益。产品的生态性标志具有的生态效益效应，其作用机制是：对水源区的食物或农产品进行标注，以增加其市场价格，以回馈水源区的农户和商家。

### 4. 建立公众监督体系

在政府监管的前提下，将社会大众引入到社会监督系统中，使其成为一种有效的社会治理机制。政府机关要开放资讯，增加民众的知情人权利。政府部门应确立以人为本的观念，并对"人"的用有一个清晰的认知。在小流域的环境保护工作中，各级政府和区域通过扩大新闻媒介的自由化，全面披露制度出台和实施过程，实现信息公开和透明的原则，使群众的意见得到最真切的反映，使广大群众能够更好地发挥他们的民主和监督作用。

# 参考文献

[1] 安催花，罗秋实，陈翠霞，等．变化条件下黄河防洪减淤和水沙调控策略 [M]．郑州：黄河水利出版社，2021．

[2] 曹克军．黄河传统与现代防洪抢险技术 [M]．郑州：黄河水利出版社，2017．

[3] 曹露．黄河流域乡村文化产业发展研究 [M]．长春：吉林人民出版社，2021．

[4] 程安东．来自黄河的报告 [M]．西安：陕西人民出版社，2016．

[5] 郭书林．当代中国治理黄河方略与实施的历史考察 [M]．郑州：黄河水利出版社，2020．

[6] 韩广轩．黄河三角洲自然湿地高等植物图志 [M]．济南：山东科学技术出版社，2020．

[7] 贾永刚．黄河三角洲波致海床沉积物再悬浮 [M]．上海：上海交通大学出版社，2020．

[8] 李振峰，王勤山．黄河三角洲水文化研究 [M]．合肥：黄山书社，2018．

[9] 连煜．黄河生态系统保护目标及生态需水研究 [M]．郑州：黄河水利出版社，2011．

[10] 马吉让，程晓明．黄河山东段水资源保护现状及对策 [M]．天津：天津科学技术出版社，2015．

[11] 钮仲勋．黄河变迁与水利开发 [M]．北京：中国水利水电出版社，2009．

[12] 尚梦平，卞玉山．黄河下游山东灌区泥沙系统治理研究 [M]．郑州：黄河水利出版社，2017.

[13] 宋爱环，邹琰，郑永允．黄河三角洲滩涂湿地资源开发与保护 [M]．青岛：中国海洋大学出版社，2015.

[14] 宋宗水．重建黄河生态环境 [M]．北京：中国水利水电出版社，2007.

[15] 孙景宽．黄河三角洲湿地生态评价与恢复技术 [M]．徐州：中国矿业大学出版社，2019.

[16] 王化云．我的治河实践 [M]．郑州：黄河水利出版社，2017.

[17] 王雪琦．黄河三角洲海洋经济可持续发展研究 [M]．长春：吉林人民出版社，2017.

[18] 徐海亮．从黄河到珠江：水利与环境的历史回顾文选 [M]．北京：中国水利水电出版社，2007.

[19] 叶青超．黄河流域环境演变与水沙运行规律研究 [M]．济南：山东科学技术出版社，1994.

[20] 张小云，史良．黄河三角洲生态保护与文化发展研究 [M]．北京 / 西安：世界图书出版公司，2018.

[21] 赵连军，谈广鸣，韦直林，等．黄河下游河道演变与河口演变相互作用规律研究 [M]．北京：中国水利水电出版社，2006.

[22] 赵振华，李念春，彭玉明．黄河三角洲高效生态经济区资源环境承载力综合评价与发展对策研究 [M]．济南：山东科学技术出版社，2018.

[23] 郑忠安．黄河干流宁夏段水环境承载力研究 [M]．银川：阳光出版社，2015.

[24] 中共宁夏区委党校（宁夏行政学院）．黄河流域生态保护和高质量发展理论文集 [G]．银川：宁夏人民出版社，2021.